重庆市装配式建筑工程计价定额

CQZPDE—2018

批准部门：重庆市城乡建设委员会

主编部门：重庆市城乡建设委员会

主编单位：重庆市建设工程造价管理总站

参编单位：重庆建工住宅建设有限公司

重庆建工工业有限公司

重庆正平工程造价咨询有限责任公司

重庆一凡工程造价咨询有限公司

徐州通域空间结构有限公司

施行日期：2018年8月1日

重庆大学出版社

图书在版编目(CIP)数据

重庆市装配式建筑工程计价定额/重庆市建设工程
造价管理总站主编.一一重庆:重庆大学出版社,2018.7
ISBN 978-7-5689-1240-2

Ⅰ.①重⋯ Ⅱ.①重⋯ Ⅲ.①建筑工程—工程造价—
重庆 Ⅳ.①TU723.3

中国版本图书馆 CIP 数据核字(2018)第 146677 号

重庆市装配式建筑工程计价定额

CQZPDE — 2018

重庆市建设工程造价管理总站　主编

责任编辑:林青山　　版式设计:林青山

责任校对:杨育彪　　责任印制:张　策

*

重庆大学出版社出版发行

出版人:易树平

社址:重庆市沙坪坝区大学城西路 21 号

邮编:401331

电话:(023) 88617190　88617185(中小学)

传真:(023) 88617186　88617166

网址:http://www.cqup.com.cn

邮箱:fxk@cqup.com.cn(营销中心)

全国新华书店经销

重庆市正前方彩色印刷有限公司印刷

*

开本:890mm×1240mm　1/16　印张:6.75　字数:216 千

2018 年 7 月第 1 版　　2018 年 7 月第 1 次印刷

ISBN 978-7-5689-1240-2　定价:30.00 元

前　言

　　为合理确定和有效控制工程造价,提高工程投资效益,维护发承包人合法权益,促进建设市场健康发展,我们组织重庆市建设、设计、施工及造价咨询企业,编制了2018年《重庆市装配式建筑工程计价定额》CQZPDE—2018。

　　在执行过程中,请各单位注意积累资料,总结经验,如发现需要修改和补充之处,请将意见和有关资料提交重庆市建设工程造价管理总站(地址:重庆市渝中区长江一路58号),以便及时研究解决。

领导小组
组　　长:乔明佳
副组长:李　明　董　勇
成　　员:夏太凤　张国庆　张　琦　罗天菊　杨万洪　冉龙彬　刘　洁　黄　刚

综 合 组
组　　长:张　琦
副组长:杨万洪　刘　洁
成　　员:刘绍均　邱成英　傅　煜　娄　进　王鹏程　吴红杰　任玉兰　黄　怀
　　　　　李　莉

编 制 组
组　　长:刘绍均
编制人员:王鹏程　叶发春　赵富敏　张敬勇　郭　翔　王晓平　母克勤　李素珍
　　　　　杨　芳

材 料 组
组　　长:邱成英
编制人员:徐　进　吕　静　王　红　刘　畅　李现峰

审查专家:谢厚礼　邓小华　吴生久　杨荣华　邓永忠　戴　超　毕可伟　曹广辉
　　　　　石骐宁

计算机辅助:成都鹏业软件股份有限公司　杨　浩　张福伦

重庆市城乡建设委员会

渝建〔2018〕277 号

重庆市城乡建设委员会
关于颁发2018年《重庆市装配式建筑工程计价定额》的通知

各区县（自治县）城乡建委，两江新区、经开区、高新区、万盛经开区、双桥经开区建设局，有关单位：

为满足装配式建筑工程计价需要，合理确定和有效控制工程造价，推进建筑产业现代化发展，结合我市实际，我委编制了2018年《重庆市装配式建筑工程计价定额》（以下简称本定额），现予以发布，并将有关事宜通知如下：

一、本定额于2018年8月1日起在新开工的装配式建筑工程中执行，在此之前已发出招标文件或已签订施工合同的工程仍按原招标文件或施工合同执行。

二、本定额与2018年《重庆市房屋建筑与装饰工程计价定额》、《重庆市通用安装工程计价定额》、《重庆市建设工程费用定额》等定额配套执行。

三、本定额由重庆市建设工程造价管理总站负责管理和解释。

重庆市城乡建设委员会

2018 年 6 月 12 日

目　　录

总　说　明

一、为贯彻落实《国务院办公厅关于大力发展装配式建筑的指导意见》(国办发〔2016〕71号),推进传统建造方式向现代建造方式转变,满足装配式建筑工程的计价需要,合理确定和有效控制工程造价,根据《装配式建筑工程消耗量定额》[TY 01－01(01)－2016]、《房屋建筑与装饰工程工程量计算规范》(GB 50854－2013)、《重庆市建设工程工程量计算规则》(CQJLGZ－2013)、现行有关装配式建筑工程设计标准与规范、施工验收规范、质量评定标准、国家产品标准、安全操作规程等相关规定,并参考了有代表性的设计、施工等资料,结合本市实际情况,编制《重庆市装配式建筑工程计价定额》(以下简称"本定额")。

二、本定额适用于本市行政区域内的装配式建筑工程。

三、本定额是本市行政区域内国有资金投资的建设工程编制和审核施工图预算、招标控制价(最高投标限价)、工程结算的依据,是编制投标报价的参考,也是编制概算定额和投资估算指标的基础。

非国有资金投资的建设工程可参照本定额规定执行。

四、本定额是按正常施工条件,大多数施工企业采用的施工方法、机械化程度和合理的劳动组织及工期进行编制的,反映了社会平均人工、材料、机械消耗水平。本定额中的人工、材料、机械消耗量除规定允许调整外,均不得调整。

五、本定额综合单价是指完成一个规定计量单位的分部分项工程项目或措施项目所需人工费、材料费、施工机具使用费、企业管理费、利润及一般风险费。定额综合单价计算程序见下表:

定额综合单价计算程序表

序号	费用名称	计算基础	
		定额人工费＋定额施工机具使用费	定额人工费
	定额综合单价	1＋2＋3＋4＋5＋6	1＋2＋3＋4＋5＋6
1	定额人工费		
2	定额材料费		
3	定额施工机具使用费		
4	企业管理费	(1＋3)×费率	1×费率
5	利润	(1＋3)×费率	1×费率
6	一般风险费	(1＋3)×费率	1×费率

(一)人工费

本定额人工以工种综合工表示,内容包括基本用工、超运距用工、辅助用工、人工幅度差,定额人工按8小时工作制计算。

定额人工单价:混凝土、建筑综合工115元/工日,钢筋、金属制安、模板、架子综合工120元/工日,木工、幕墙、通风、设备、油漆综合工125元/工日。

(二)材料费

1.本定额材料消耗量已包括材料、成品、半成品的净用量以及从工地仓库、现场集中堆放地点或现场加工地点至操作或安装地点的运输损耗、施工操作损耗、施工现场堆放损耗。

2.本定额材料已包括施工中消耗的主要材料、辅助材料和零星材料,辅助材料和零星材料合并为其他材料费。

3.本定额已包括材料、成品、半成品从工地仓库、现场堆放地点或现场加工地点至操作或安装地点的水平运输。

4.本定额已包括工程施工的周转性材料30km以内,从甲工地(或基地)至乙工地的搬迁运输费和场内运输费。

（三）施工机具使用费

1.本定额不包括机械原值（单位价值）在 2000 元以内、使用年限在一年以内、不构成固定资产的工具用具性小型机械费用，该"工具用具使用费"已包含在企业管理费用中，但其消耗燃料动力已列入材料内。

2.本定额已包括工程施工的中小型机械的 30km 以内，从甲工地（或基地）至乙工地的搬迁运输费和场内运输费。

（四）企业管理费、利润

本定额综合单价中的企业管理费、利润的费用标准是按下表规定专业工程进行取定的。

定额的企业管理费、利润取费专业表

定额章节			取费专业
A 装配式混凝土结构工程			公共建筑工程
B 装配式钢结构工程			钢结构工程
C 装配式木结构工程			公共建筑工程
D 建筑构件及部品工程	D.1 单元式幕墙安装		幕墙工程
	D.2 非承重隔墙安装		公共建筑工程
	D.3 预制烟道及通风道安装		
	D.4 预制成品护栏安装		
	D.5 装饰成品部件安装		
E 措施项目	E.1 后浇混凝土模板		公共建筑工程
	E.2 工具式模板		
	E.3 脚手架工程	E.3.1 钢结构工程综合脚手架 E.3.1.1 厂（库）房钢结构工程	工业建筑工程
		E.3.1.2 住宅钢结构工程	住宅工程
		E.3.2 工具式脚手架	公共建筑工程
	E.4 垂直运输	E.4.1 装配式混凝土结构工程	公共建筑工程
		E.4.2 住宅钢结构工程	住宅工程
		E.4.3 装配式钢-混组合结构工程	公共建筑工程
		E.4.4 装配式木结构工程	
	E.5 超高施工增加		
	E.6 大型机械设备进出场及安拆		

（五）一般风险费

本定额包含了 2018 年《重庆市建设工程费用定额》所指的一般风险费，使用时不作调整。

六、工程费用标准及计算说明

（一）企业管理费、利润、一般风险费的费用标准

公共建筑工程、住宅工程、工业建筑工程、幕墙工程按 2018 年《重庆市建设工程费用定额》所对应的专业分类及费用标准执行，钢结构工程（装配式钢结构工程章节）以定额人工费与定额施工机具使用费之和作为费用计算基础，费用标准见下表：

企业管理费、利润、一般风险费标准表

专业工程	一般计税法			简易计税法		
	企业管理费（%）	利润（%）	一般风险费（%）	企业管理费（%）	利润（%）	一般风险费（%）
钢结构工程	37.12	18.73	1.50	37.69	18.73	1.60

（二）组织措施费、建设工程竣工档案编制费、住宅工程质量分户验收费、安全文明施工费、规费、税金以单位工程为对象确定工程费用标准，按2018年《重庆市建设工程费用定额》所对应的专业分类及费用标准执行。

（三）定额综合单价中的企业管理费、利润、一般风险费，使用时应按实际工程和2018年《重庆市建设工程费用定额》所对应的专业分类及费用标准进行调整，但装配式钢结构工程章节定额综合单价中的企业管理费、利润、一般风险费，不分公共建筑工程、住宅工程、工业建筑工程，均按本定额费用标准执行，不作调整。

（四）其他工程费用计算规定按2018年《重庆市建设工程费用定额》执行。

七、人工、材料、机械燃料动力价格调整

本定额人工、材料、成品、半成品和机械燃料动力价格，是以定额编制期市场价格确定的，其中成品构件（部件）已包含50km以内的运输费用。建设项目实施阶段市场价格与定额价格不同时，可参照建设工程造价管理机构发布的工程所在地的信息价格或市场价格进行调整，价差不作为计取企业管理费、利润、一般风险费的计费基础。

八、本定额中所使用的砂浆均按干混预拌砂浆编制，若实际使用现拌砂浆或湿拌预拌砂浆时，按以下方法调整：

（一）使用现拌砂浆的，除将定额中的干混预拌砂浆调整为现拌砂浆外，每立方米砂浆增加0.382工日，同时将原定额中干混砂浆罐式搅拌机调整为200L灰浆搅拌机，台班含量不变。

（二）使用湿拌预拌砂浆的，除将定额中的干混预拌砂浆调整为湿拌预拌砂浆外，另按相应定额中每立方米砂浆扣除0.2工日，并扣除干混砂浆罐式搅拌机台班数量。

九、装配式建筑的综合脚手架、垂直运输、超高施工增加措施项目是综合考虑编制的，除本定额已有说明外，按《重庆市房屋建筑与装饰工程计价定额》的有关规定执行；执行本定额综合脚手架、垂直运输、超高施工增加后，套用《重庆市房屋建筑与装饰工程计价定额》、《重庆市通用安装工程计价定额》等定额子目时，不再计算综合脚手架、垂直运输、超高施工增加费。

十、本定额与《重庆市房屋建筑与装饰工程计价定额》、《重庆市通用安装工程计价定额》等定额配套使用；缺项时，由建设、施工、监理单位共同编制一次性补充定额。

十一、本定额的工作内容已说明了主要的施工工序，次要工序虽未说明，但均已包括在内。

十二、本定额中未注明单位的，均以"mm"为单位。

十三、本定额中注有"×××以内"或"×××以下"者，均包括×××本身；"×××以外"或者"×××以上"的，则不包括×××本身。

十四、本定额总说明未尽事宜，详见各章说明。

A　装配式混凝土结构工程

说　明

一、本章定额所称的装配式混凝土结构工程,指预制混凝土构件通过可靠的连接方式装配而成的混凝土结构,包括装配整体式混凝土结构、全装配混凝土结构。

二、预制构件安装

1.预制构件的制作及 50km 以内的运输费用包含在构件成品价格内。

2.构件安装不分构件外形尺寸,截面类型以及是否带有保温层,除另有规定者外,均按构件种类执行相应定额子目。

3.构件安装定额已包括构件固定所需临时支撑的搭设及拆除,支撑(含支撑用预埋铁件)种类、数量及搭设方式综合考虑。

4.柱、墙板、女儿墙等构件安装定额中,构件底部坐浆按砌筑砂浆铺筑考虑,遇设计采用灌浆料的,除灌浆材料单价换算以及扣除干混砂浆罐式搅拌机台班外,每 10m³ 构件安装定额另行增加人工 0.7 工日,其余不变。

5.外挂墙板、女儿墙构件安装设计要求接缝处填充保温板时,相应保温板消耗量按设计要求增加计量,其余不变。

6.墙板安装定额不分是否带有门窗洞口,均按相应定额执行。凸(飘)窗安装定额适用于单独预制的凸(飘)窗安装,依附于外墙板制作的凸(飘)窗,并入外墙板内计算,凸(飘)窗工程量的相应定额人工和机械消耗量乘以系数 1.2。

7.外挂墙板安装定额已综合考虑了不同连接方式,按构件类型及厚度不同执行相应定额子目。

8.预制墙板安装设计需采用橡胶气密条时,橡胶气密条材料费可另行计算。

9.楼梯休息平台安装按平台板结构类型不同,分别执行整体楼板或叠合楼板相应定额子目,其相应定额子目的人工、机械、材料(除预制混凝土楼板外)的消耗量乘以系数 1.3。

10.阳台板安装不分板式或梁式,均执行同一定额子目。空调板安装定额子目适用于单独预制的空调板安装,依附于阳台板制作的栏板、翻沿、空调板,并入阳台板内计算。非悬挑的阳台板安装,分别按梁、板安装有关规则计算并执行相应定额子目。

11.女儿墙安装构件净高 1.4m 以上时,执行外墙板安装定额子目。压顶安装定额子目适用于单独预制的压顶安装,依附于女儿墙制作的压顶,并入女儿墙计算。

12.套筒注浆不分部位、方向,按锚入套筒内的钢筋直径不同,以 φ18 以内及 φ18 以上分别编制。

13.嵌缝、打胶定额中注胶缝的断面按 20mm×15mm 编制,若设计断面与定额不同时,密封胶用量按比例调整,其余不变。定额中的密封胶按硅酮耐候胶考虑,遇设计采用的种类与定额不同时,材料价格允许调整。

三、后浇混凝土

1.后浇混凝土指装配整体式结构中,用于与预制混凝土构件连接形成整体构件的现场浇筑混凝土。

2.墙板或柱等预制垂直构件之间设计采用现浇混凝土墙连接的,当连接墙的长度在 2m 以内时,执行后浇混凝土连接墙、柱定额子目;长度超过 2m 时,仍按《重庆市房屋建筑与装饰工程计价定额》"混凝土及钢筋混凝土工程"的相应定额子目及规定执行。

3.叠合楼板或整体楼板之间设计采用现浇混凝土板带拼缝的,板带混凝土浇捣并入后浇混凝土叠合梁、板内计算。

工程量计算规则

一、预制构件安装

1.构件安装工程量,按成品构件设计图示尺寸的实体积以"m³"计算,依附于构件制作的各类保温层、饰面层的体积并入相应构件安装中计算,不扣除构件内钢筋、预埋铁件、配管、套管、线盒及单个体积≤0.3m³的孔洞、线箱等所占体积,构件外露钢筋体积亦不再增加。

2.套筒注浆,按设计数量以"个"计算。套筒灌浆的专项检测费用,发生时按实计算。

3.嵌缝、打胶,按构件接缝的设计图示尺寸的长度以"m"计算。

二、后浇混凝土

1.后浇混凝土浇捣工程量,按设计图示尺寸的实体积以"m³"计算,不扣除混凝土内钢筋、预埋铁件及单个面积≤0.3m²的孔洞等所占体积。

2.后浇混凝土钢筋工程量,按设计图示钢筋的长度、数量乘以钢筋单位理论质量以"t"计算,其中:

(1)钢筋接头的数量应按设计图示及规范要求计算;设计图示及规范要求未标明的,$\phi 10$ 以内的长钢筋按每 12m 计算一个钢筋接头,$\phi 10$ 以上的长钢筋按每 9m 计算一个钢筋接头。

(2)钢筋接头的搭接长度应按设计图示及规范要求计算,如设计要求钢筋接头采用机械连接、电渣压力焊及气压焊时,按数量以"个"计算,不再计算该处的钢筋搭接长度。

(3)钢筋工程量包括双层及多层钢筋的"铁马"数量,不包括预制构件外露钢筋的数量。

A.1 预制混凝土构件安装

A.1.1 预制混凝土构件安装

A.1.1.1 柱

工作内容：支撑杆连接件预埋、结合面清理，构件就位、校正、垫实、固定，坐浆料铺筑，搭设及拆除钢支撑。　　　　　计量单位：10m³

定　额　编　号					MA0001	
项　目　名　称					实心柱	
综　合　单　价　（元）					24850.41	
费用	其中	人　工　费　（元）			1074.10	
		材　料　费　（元）			23359.99	
		施工机具使用费　（元）			1.86	
		企　业　管　理　费　（元）			259.31	
		利　　　　　润　（元）			139.01	
		一　般　风　险　费　（元）			16.14	
	编码	名　　称	单位	单价（元）	消　耗　量	
人工	000300010	建筑综合工	工日	115.00	9.340	
材	043000100	预制混凝土柱	m³	2292.00	10.050	
	330102030	斜支撑杆件 φ48×3.5	套	180.00	0.340	
	032131310	预埋铁件	kg	4.27	13.050	
	850301130	干混砌筑砂浆 DM M20	t	239.32	0.136	
	032130210	垫铁	kg	3.75	7.480	
料	050303200	垫木	m³	854.70	0.010	
	002000020	其他材料费	元	—	139.32	
机械	990611010	干混砂浆罐式搅拌机 20000L	台班	232.40	0.008	

A.1.1.2 梁

工作内容：结合面清理，构件就位、校正、垫实、固定，接头钢筋调直、焊接，搭设及拆除钢支撑。　　　　　计量单位：10m³

定　额　编　号					MA0002	MA0003
项　目　名　称					单梁	叠合梁
综　合　单　价　（元）					28049.29	29116.50
费用	其中	人　工　费　（元）			1463.95	1900.95
		材　料　费　（元）			26021.43	26483.31
		施工机具使用费　（元）			—	—
		企　业　管　理　费　（元）			352.81	458.13
		利　　　　　润　（元）			189.14	245.60
		一　般　风　险　费　（元）			21.96	28.51
	编码	名　　称	单位	单价（元）	消　耗　量	
人工	000300010	建筑综合工	工日	115.00	12.730	16.530
材	043000110	预制混凝土单梁	m³	2542.00	10.050	—
	043000120	预制混凝土叠合梁	m³	2574.00	—	10.050
	330102040	立支撑杆件 φ48×3.5	套	150.00	1.040	1.490
	330101900	钢支撑	kg	6.63	10.000	14.290
	032130210	垫铁	kg	3.75	3.270	4.680
	032140460	零星卡具	kg	6.67	9.360	13.380
	050303800	木材 锯材	m³	1581.00	0.014	0.020
料	002000020	其他材料费	元	—	155.20	157.95

A.1.1.3 板

工作内容：结合面清理，构件就位、校正、垫实、固定，接头钢筋调直、焊接，搭设及拆除钢支撑。

计量单位：10m³

<table>
<tr><td colspan="5">定　额　编　号</td><td>MA0004</td><td>MA0005</td></tr>
<tr><td colspan="5">项　目　名　称</td><td>整体板</td><td>叠合板</td></tr>
<tr><td colspan="5">综　合　单　价　（元）</td><td>26591.68</td><td>28565.89</td></tr>
<tr><td rowspan="6">费
用</td><td rowspan="6">其
中</td><td colspan="3">人　工　费　（元）</td><td>1879.10</td><td>2348.30</td></tr>
<tr><td colspan="3">材　料　费　（元）</td><td>23947.62</td><td>25244.55</td></tr>
<tr><td colspan="3">施工机具使用费　（元）</td><td>29.69</td><td>49.43</td></tr>
<tr><td colspan="3">企业管理费　（元）</td><td>460.02</td><td>577.85</td></tr>
<tr><td colspan="3">利　　润　（元）</td><td>246.62</td><td>309.79</td></tr>
<tr><td colspan="3">一　般　风　险　费　（元）</td><td>28.63</td><td>35.97</td></tr>
<tr><td></td><td>编码</td><td>名　　称</td><td>单位</td><td>单价（元）</td><td colspan="2">消　耗　量</td></tr>
<tr><td>人工</td><td>000300010</td><td>建筑综合工</td><td>工日</td><td>115.00</td><td>16.340</td><td>20.420</td></tr>
<tr><td rowspan="9">材

料</td><td>043000130</td><td>预制混凝土整体板</td><td>m³</td><td>2302.00</td><td>10.050</td><td>—</td></tr>
<tr><td>043000140</td><td>预制混凝土叠合板</td><td>m³</td><td>2386.00</td><td>—</td><td>10.050</td></tr>
<tr><td>330102040</td><td>立支撑杆件 φ48×3.5</td><td>套</td><td>150.00</td><td>1.640</td><td>2.730</td></tr>
<tr><td>330101900</td><td>钢支撑</td><td>kg</td><td>6.63</td><td>23.910</td><td>39.850</td></tr>
<tr><td>031350820</td><td>低合金钢焊条 E43 系列</td><td>kg</td><td>5.98</td><td>3.660</td><td>6.100</td></tr>
<tr><td>032130210</td><td>垫铁</td><td>kg</td><td>3.75</td><td>1.880</td><td>3.140</td></tr>
<tr><td>050303800</td><td>木材 锯材</td><td>m³</td><td>1581.00</td><td>0.055</td><td>0.091</td></tr>
<tr><td>032140460</td><td>零星卡具</td><td>kg</td><td>6.67</td><td>22.380</td><td>37.310</td></tr>
<tr><td>002000020</td><td>其他材料费</td><td>元</td><td>—</td><td>142.83</td><td>150.56</td></tr>
<tr><td>机械</td><td>990901020</td><td>交流弧焊机 32kV·A</td><td>台班</td><td>85.07</td><td>0.349</td><td>0.581</td></tr>
</table>

A.1.1.4 墙
A.1.1.4.1 实心剪力墙

工作内容：支撑杆连接件预埋，结合面清理，构件就位、校正、垫实、固定，接头钢筋调直、构件打磨、坐浆料铺筑、填缝料填缝，搭设及拆除钢支撑。

计量单位：10m³

<table>
<tr><td colspan="5">定　额　编　号</td><td>MA0006</td><td>MA0007</td><td>MA0008</td><td>MA0009</td></tr>
<tr><td colspan="5" rowspan="2">项　目　名　称</td><td colspan="2">外墙板</td><td colspan="2">内墙板</td></tr>
<tr><td colspan="4">墙厚（mm）</td></tr>
<tr><td colspan="5"></td><td>≤200</td><td>＞200</td><td>≤200</td><td>＞200</td></tr>
<tr><td colspan="5">综　合　单　价　（元）</td><td>25675.74</td><td>25149.70</td><td>25244.66</td><td>24827.50</td></tr>
<tr><td rowspan="6">费
用</td><td rowspan="6">其
中</td><td colspan="3">人　工　费　（元）</td><td>1466.14</td><td>1128.38</td><td>1172.77</td><td>910.92</td></tr>
<tr><td colspan="3">材　料　费　（元）</td><td>23641.63</td><td>23583.45</td><td>23617.25</td><td>23562.80</td></tr>
<tr><td colspan="3">施工机具使用费　（元）</td><td>2.32</td><td>2.32</td><td>2.09</td><td>2.09</td></tr>
<tr><td colspan="3">企业管理费　（元）</td><td>353.90</td><td>272.50</td><td>283.14</td><td>220.03</td></tr>
<tr><td colspan="3">利　　润　（元）</td><td>189.72</td><td>146.09</td><td>151.79</td><td>117.96</td></tr>
<tr><td colspan="3">一　般　风　险　费　（元）</td><td>22.03</td><td>16.96</td><td>17.62</td><td>13.70</td></tr>
<tr><td></td><td>编码</td><td>名　　称</td><td>单位</td><td>单价（元）</td><td colspan="4">消　耗　量</td></tr>
<tr><td>人工</td><td>000300010</td><td>建筑综合工</td><td>工日</td><td>115.00</td><td>12.749</td><td>9.812</td><td>10.198</td><td>7.921</td></tr>
<tr><td rowspan="10">材

料</td><td>043000150</td><td>预制混凝土外墙板</td><td>m³</td><td>2307.00</td><td>10.050</td><td>10.050</td><td>—</td><td>—</td></tr>
<tr><td>043000180</td><td>预制混凝土内墙板</td><td>m³</td><td>2307.00</td><td>—</td><td>—</td><td>10.050</td><td>10.050</td></tr>
<tr><td>330102030</td><td>斜支撑杆件 φ48×3.5</td><td>套</td><td>180.00</td><td>0.487</td><td>0.373</td><td>0.377</td><td>0.289</td></tr>
<tr><td>021101910</td><td>PE 棒</td><td>m</td><td>1.80</td><td>40.751</td><td>31.242</td><td>52.976</td><td>40.615</td></tr>
<tr><td>850301130</td><td>干混砌筑砂浆 DM M20</td><td>t</td><td>239.32</td><td>0.170</td><td>0.170</td><td>0.153</td><td>0.153</td></tr>
<tr><td>032130210</td><td>垫铁</td><td>kg</td><td>3.75</td><td>12.491</td><td>9.577</td><td>9.990</td><td>7.695</td></tr>
<tr><td>032131310</td><td>预埋铁件</td><td>kg</td><td>4.27</td><td>9.307</td><td>7.136</td><td>7.448</td><td>5.710</td></tr>
<tr><td>012900030</td><td>钢板 综合</td><td>kg</td><td>3.68</td><td>4.550</td><td>4.550</td><td>3.640</td><td>3.640</td></tr>
<tr><td>050303200</td><td>垫木</td><td>m³</td><td>854.70</td><td>0.012</td><td>0.012</td><td>0.010</td><td>0.010</td></tr>
<tr><td>002000020</td><td>其他材料费</td><td>元</td><td>—</td><td>141.00</td><td>140.66</td><td>140.86</td><td>140.53</td></tr>
<tr><td>机械</td><td>990611010</td><td>干混砂浆罐式搅拌机 20000L</td><td>台班</td><td>232.40</td><td>0.010</td><td>0.010</td><td>0.009</td><td>0.009</td></tr>
</table>

工作内容：支撑杆连接件预埋，结合面清理，构件就位、校正、垫实、固定，接头钢筋调直、构件打磨、
坐浆料铺筑、填缝料填缝，接缝处保温板填充，搭设及拆除钢支撑。　　　　　　　　计量单位：10m³

定　额　编　号					MA0010	MA0011
项　目　名　称					外墙板	
					墙厚(mm)	
					≤300	>300
综　合　单　价　(元)					**27416.44**	**27266.26**
费用	其中	人　工　费　(元)			1192.55	1084.11
		材　料　费　(元)			25761.31	25761.33
		施工机具使用费　(元)			2.32	2.32
		企业管理费　(元)			287.96	261.83
		利　　　润　(元)			154.38	140.37
		一般风险费　(元)			17.92	16.30
	编码	名　称	单位	单价(元)	消　耗　量	
人工	000300010	建筑综合工	工日	115.00	10.370	9.427
材料	043000190	预制混凝土夹心保温外墙板	m³	2522.00	10.050	10.050
	330102030	斜支撑杆件 φ48×3.5	套	180.00	0.360	0.327
	850301130	干混砌筑砂浆 DM M20	t	239.32	0.170	0.170
	021101910	PE 棒	m	1.80	24.476	22.248
	032130210	垫铁	kg	3.75	9.234	8.393
	032131310	预埋铁件	kg	4.27	6.880	6.254
	012900030	钢板 综合	kg	3.68	3.734	3.394
	050303200	垫木	m³	854.70	0.015	0.015
	150300020	保温岩棉板 A 级	m³	550.00	0.039	0.070
	002000020	其他材料费	元	—	153.65	153.65
机械	990611010	干混砂浆罐式搅拌机 20000L	台班	232.40	0.010	0.010

工作内容：支撑杆连接件预埋，结合面清理，构件就位、校正、垫实、固定，接头钢筋调直、构件打磨、
坐浆料铺筑、填缝料填缝，接缝处保温板填充，搭设及拆除钢支撑。　　　　　　　　计量单位：10m³

定　额　编　号					MA0012	MA0013
项　目　名　称					外墙板	内墙板
综　合　单　价　(元)					**31482.27**	**30973.15**
费用	其中	人　工　费　(元)			2022.05	1654.51
		材　料　费　(元)			28678.11	28678.11
		施工机具使用费　(元)			2.32	2.32
		企业管理费　(元)			487.87	399.30
		利　　　润　(元)			261.55	214.06
		一般风险费　(元)			30.37	24.85
	编码	名　称	单位	单价(元)	消　耗　量	
人工	000300010	建筑综合工	工日	115.00	17.583	14.387
材料	043000200	预制混凝土双叶叠合墙板	m³	2807.00	10.050	10.050
	330102030	斜支撑杆件 φ48×3.5	套	180.00	0.350	0.350
	032130210	垫铁	kg	3.75	16.360	16.360
	032131310	预埋铁件	kg	4.27	13.420	13.420
	030105450	六角螺栓带螺母 综合	kg	5.43	8.080	8.080
	050303200	垫木	m³	854.70	0.013	0.013
	050303800	木材 锯材	m³	1581.00	0.038	0.038
	002000020	其他材料费	元	—	171.04	171.04
机械	990611010	干混砂浆罐式搅拌机 20000L	台班	232.40	0.010	0.010

工作内容：支撑杆连接件预埋,结合面清理,构件就位、校正、垫实、固定,接头钢筋调直、构件打磨、坐浆料铺筑、填缝料填缝,接缝处保温板填充,搭设及拆除钢支撑。

计量单位:10m³

定 额 编 号					MA0014	
项 目 名 称					外墙面板(PCF板)	
综 合 单 价 (元)					**29086.63**	
费用	其中	人 工 费 (元)			2754.60	
		材 料 费 (元)			25267.75	
		施 工 机 具 使 用 费 (元)			2.32	
		企 业 管 理 费 (元)			664.42	
		利 润 (元)			356.19	
		一 般 风 险 费 (元)			41.35	
	编码	名 称	单位	单价(元)	消 耗 量	
人工	000300010	建筑综合工	工日	115.00	23.953	
材料	043000160	预制混凝土外墙面板(PCF板)	m³	2440.00	10.050	
	330102030	斜支撑杆件 φ48×3.5	套	180.00	0.832	
	850301130	干混砌筑砂浆 DM M20	t	239.32	0.170	
	021101910	PE棒	m	1.80	56.537	
	150300020	保温岩棉板 A级	m³	550.00	0.179	
	032130210	垫铁	kg	3.75	24.524	
	032131310	预埋铁件	kg	4.27	15.893	
	012900030	钢板 综合	kg	3.68	8.624	
	050303200	垫木	m³	854.70	0.015	
	002000020	其他材料费	元	—	150.70	
机械	990611010	干混砂浆罐式搅拌机 20000L	台班	232.40	0.010	

工作内容：支撑杆连接件预埋,结合面清理,构件就位、校正、垫实、固定,接头钢筋调直、构件打磨、坐浆料铺筑、填缝料填缝,接缝处保温板填充,搭设及拆除钢支撑。

计量单位:10m³

定 额 编 号					MA0015	MA0016
项 目 名 称					外挂墙板 墙厚(mm)	
					≤200	>200
综 合 单 价 (元)					**26891.82**	**25915.33**
费用	其中	人 工 费 (元)			2244.69	1617.71
		材 料 费 (元)			23779.26	23671.26
		施 工 机 具 使 用 费 (元)			2.32	2.32
		企 业 管 理 费 (元)			541.53	390.43
		利 润 (元)			290.31	209.31
		一 般 风 险 费 (元)			33.71	24.30
	编码	名 称	单位	单价(元)	消 耗 量	
人工	000300010	建筑综合工	工日	115.00	19.519	14.067
材料	043000170	预制混凝土外挂墙板	m³	2307.00	10.050	10.050
	330102030	斜支撑杆件 φ48×3.5	套	180.00	0.821	0.598
	850301130	干混砌筑砂浆 DM M20	t	239.32	0.170	0.170
	021101910	PE棒	m	1.80	55.840	40.615
	032130210	垫铁	kg	3.75	21.066	15.322
	032131310	预埋铁件	kg	4.27	15.697	11.417
	050303200	垫木	m³	854.70	0.020	0.020
	002000020	其他材料费	元	—	141.82	141.18
机械	990611010	干混砂浆罐式搅拌机 20000L	台班	232.40	0.010	0.010

工作内容:结合面清理,构件就位、校正、垫实、固定,接头钢筋调直、焊接、灌缝、嵌缝,搭设及拆除钢支撑。　　　　　　　计量单位:10m³

定　额　编　号					MA0017	MA0018
项　目　名　称					直行梯段	
					简支	固支
综　合　单　价　(元)					**26561.92**	**26976.40**
费用中	其中	人　工　费　(元)			1787.10	1941.20
		材　料　费　(元)			24077.75	24268.20
		施工机具使用费　(元)			6.27	13.89
		企业管理费　(元)			432.20	471.18
		利　　润　(元)			231.70	252.60
		一般风险费　(元)			26.90	29.33
	编码	名　　称	单位	单价(元)	消　耗　量	
人工	000300010	建筑综合工	工日	115.00	15.540	16.880
材料	043000210	预制混凝土楼梯	m³	2363.00	10.050	10.050
	330102040	立支撑杆件 φ48×3.5	套	150.00	—	0.720
	850301120	干混砌筑砂浆 DM M10	t	222.22	0.459	0.238
	032130210	垫铁	kg	3.75	18.070	9.030
	032140460	零星卡具	kg	6.67	—	9.800
	330101900	钢支撑	kg	6.63	—	10.470
	031350820	低合金钢焊条 E43 系列	kg	5.98	—	1.310
	050303200	垫木	m³	854.70	0.019	—
	050303800	木材 锯材	m³	1581.00	—	0.024
	002000020	其他材料费	元	—	143.60	144.74
机械	990611010	干混砂浆罐式搅拌机 20000L	台班	232.40	0.027	0.014
	990901020	交流弧焊机 32kV·A	台班	85.07	—	0.125

工作内容:支撑杆连接件预埋,结合面清理,构件就位、校正、垫实、固定,接头钢筋调直、焊接、构件
打磨、坐浆料铺筑、填缝料填缝,搭设及拆除钢支撑。

计量单位:10m³

	定 额 编 号				MA0019	MA0020	MA0021	MA0022
	项 目 名 称				叠合板式阳台	全预制式阳台	凸(飘)窗	空调板
	综 合 单 价 (元)				**29734.30**	**28427.61**	**30486.81**	**30957.02**
费 用	其 中	人 工 费 (元)			2495.50	1983.75	2106.80	2745.05
		材 料 费 (元)			26209.07	25645.42	27522.08	27079.28
		施 工 机 具 使 用 费 (元)			49.43	24.76	33.49	54.36
		企 业 管 理 费 (元)			613.33	484.05	515.81	674.66
		利 润 (元)			328.80	259.50	276.53	361.68
		一 般 风 险 费 (元)			38.17	30.13	32.10	41.99
	编码	名 称	单位	单价(元)	消 耗 量			
人工	000300010	建筑综合工	工日	115.00	21.700	17.250	18.320	23.870
材 料	043000220	预制混凝土阳台板	m³	2481.00	10.050	10.050	—	—
	043000230	预制混凝土凸窗	m³	2683.00	—	—	10.050	—
	043000240	预制混凝土空调板	m³	2556.00	—	—	—	10.050
	330102040	立支撑杆件 φ48×3.5	套	150.00	2.730	1.364	—	3.000
	330101900	钢支撑	kg	6.63	39.850	19.925	—	43.840
	050300800	松杂板枋材	m³	1538.46	0.091	0.045	—	0.100
	330102030	斜支撑杆件 φ48×3.5	套	180.00	—	—	0.360	—
	850301130	干混砌筑砂浆 DM M20	t	239.32	—	—	0.272	—
	021101910	PE 棒	m	1.80	—	—	36.713	—
	031350820	低合金钢焊条 E43 系列	kg	5.98	6.102	3.051	3.670	6.710
	012900030	钢板 综合	kg	3.68	—	—	7.580	—
	032130210	垫铁	kg	3.75	5.240	2.620	18.750	5.760
	032131310	预埋铁件	kg	4.27	—	—	13.980	—
	032140460	零星卡具	kg	6.67	37.310	18.653	—	41.040
	050303200	垫木	m³	854.70	—	—	0.021	—
	002000020	其他材料费	元	—	156.32	152.95	164.15	161.51
机 械	990611010	干混砂浆罐式搅拌机 20000L	台班	232.40	—	—	0.016	—
	990901020	交流弧焊机 32kV·A	台班	85.07	0.581	0.291	0.350	0.639

工作内容:支撑杆连接件预埋,结合面清理,构件就位、校正、垫实、固定,接头钢筋调直、焊接、构件打磨、坐浆料铺筑、填缝料填缝,搭设及拆除钢支撑。

计量单位:10m³

定 额 编 号					MA0023	MA0024	MA0025
项 目 名 称					女儿墙		压顶
					墙高≤600mm	墙高≤1400mm	
综 合 单 价 （元）					**29343.36**	**28248.18**	**28071.46**
费用	其中	人 工 费 （元）			2357.39	1757.43	2260.90
		材 料 费 （元）			26016.11	25791.04	24925.82
		施工机具使用费 （元）			44.61	16.42	9.99
		企 业 管 理 费 （元）			578.88	427.50	547.29
		利 润 （元）			310.34	229.18	293.40
		一 般 风 险 费 （元）			36.03	26.61	34.06
	编码	名 称	单位	单价（元）	消	耗	量
人工	000300010	建筑综合工	工日	115.00	20.499	15.282	19.660
材料	043000250	预制混凝土女儿墙	m³	2520.00	10.050	10.050	—
	043000260	预制混凝土压顶	m³	2409.00	—	—	10.050
	330102030	斜支撑杆件 φ48×3.5	套	180.00	0.636	0.473	—
	330101900	钢支撑	kg	6.63	—	—	21.920
	850301130	干混砌筑砂浆 DM M20	t	239.32	0.541	0.192	0.726
	032131310	预埋铁件	kg	4.27	24.411	18.333	—
	032130210	垫铁	kg	3.75	19.975	7.434	27.257
	021101910	PE 棒	m	1.80	23.359	23.375	—
	012900030	钢板 综合	kg	3.68	7.097	2.640	—
	031350820	低合金钢焊条 E43 系列	kg	5.98	4.590	1.708	—
	032140460	零星卡具	kg	6.67	—	—	20.520
	050303200	垫木	m³	854.70	0.019	0.014	0.010
	002000020	其他材料费	元	—	155.17	153.82	148.66
机械	990611010	干混砂浆罐式搅拌机 20000L	台班	232.40	0.032	0.011	0.043
	990901020	交流弧焊机 32kV·A	台班	85.07	0.437	0.163	—

A.1.1.7 灌浆
A.1.1.7.1 套筒连接灌浆

工作内容:结合面清理、注浆料搅拌、注浆、养护、现场清理。

计量单位:10个

定 额 编 号					MA0026	MA0027	MA0028	MA0029
项 目 名 称					半灌浆套筒		全灌浆套筒	
					钢筋直径（mm）			
					≤φ18	＞φ18	≤φ18	＞φ18
综 合 单 价 （元）					**50.15**	**68.15**	**78.70**	**112.41**
费用	其中	人 工 费 （元）			28.75	31.63	43.24	47.50
		材 料 费 （元）			10.33	24.34	18.80	46.61
		施工机具使用费 （元）			—	—	—	—
		企 业 管 理 费 （元）			6.93	7.62	10.42	11.45
		利 润 （元）			3.71	4.09	5.59	6.14
		一 般 风 险 费 （元）			0.43	0.47	0.65	0.71
	编码	名 称	单位	单价（元）	消	耗		量
人工	000300010	建筑综合工	工日	115.00	0.250	0.275	0.376	0.413
材料	850101070	灌浆料	kg	3.00	3.337	7.864	6.072	15.059
	341100100	水	m³	4.42	0.004	0.008	~0.007	0.016
	002000020	其他材料费	元	—	0.30	0.71	0.55	1.36

工作内容:结合面清理、注浆料搅拌、注浆、养护、现场清理。　　　　　　　　　　　　　**计量单位**:10 个

定　额　编　号					MA0030	MA0031
项　目　名　称					钢筋直径(mm)	
					≤ϕ10	>ϕ10
综　合　单　价（元）					**87.31**	**105.13**
费用	其中	人　工　费　（元）			40.94	50.14
		材　料　费　（元）			30.60	35.68
		施 工 机 具 使 用 费　（元）			—	—
		企 业 管 理 费　（元）			9.87	12.08
		利　　　　润　（元）			5.29	6.48
		一 般 风 险 费　（元）			0.61	0.75
	编码	名　　　称	单位	单价(元)	消　耗　量	
人工	000300010	建筑综合工	工日	115.00	0.356	0.436
材	850101070	灌浆料	kg	3.00	9.890	11.530
	341100100	水	m³	4.42	0.010	0.012
料	002000020	其他材料费	元	—	0.89	1.04

工作内容:结合面清理、注浆料搅拌、注浆、养护、现场清理。　　　　　　　　　　　　　**计量单位**:m³

定　额　编　号					MA0032
项　目　名　称					锚环连接灌浆
综　合　单　价（元）					**8019.43**
费用	其中	人　工　费　（元）			1749.27
		材　料　费　（元）			5596.34
		施 工 机 具 使 用 费　（元）			—
		企 业 管 理 费　（元）			421.57
		利　　　　润　（元）			226.01
		一 般 风 险 费　（元）			26.24
	编码	名　　　称	单位	单价(元)	消　耗　量
人工	000300010	建筑综合工	工日	115.00	15.211
材	850101070	灌浆料	kg	3.00	1854.000
	341100100	水	m³	4.42	0.218
料	002000020	其他材料费	元	—	33.38

工作内容:清理缝道、剪裁、固定、注胶、现场清理。 计量单位:100m

定　额　编　号					MA0033	
项　目　名　称					嵌缝、打胶	
综　合　单　价　(元)					**3370.62**	
费用	其中	人　工　费　(元)			1082.15	
		材　料　费　(元)			1871.63	
		施工机具使用费　(元)			—	
		企　业　管　理　费　(元)			260.80	
		利　　润　(元)			139.81	
		一　般　风　险　费　(元)			16.23	
	编码	名　称	单位	单价(元)	消　耗　量	
人工	000300010	建筑综合工	工日	115.00	9.410	
材料	144104500	耐候胶	L	38.97	31.500	
	144300290	双面胶条	m	2.14	204.000	
	151300135	泡沫条 $\phi25$	m	1.50	102.000	
	002000020	其他材料费	元	—	54.51	

A.2　后浇混凝土

A.2.1　后浇混凝土浇捣

工作内容:浇捣、养护等。 计量单位:10m³

定　额　编　号					MA0034	MA0035	MA0036	MA0037
项　目　名　称					梁、柱接头	叠合梁、板	叠合剪力墙	连接墙、柱
综　合　单　价　(元)					**7503.86**	**4170.91**	**4589.57**	**5090.07**
费用	其中	人　工　费　(元)			3187.80	721.05	1084.11	1448.20
		材　料　费　(元)			3088.12	3172.11	3087.86	3084.03
		施工机具使用费　(元)			—	—	—	—
		企　业　管　理　费　(元)			768.26	173.77	261.27	349.01
		利　　润　(元)			411.86	93.16	140.07	187.11
		一　般　风　险　费　(元)			47.82	10.82	16.26	21.72
	编码	名　称	单位	单价(元)	消　　耗　　量			
人工	000300080	混凝土综合工	工日	115.00	27.720	6.270	9.427	12.593
材料	840201200	商品砼 C35	m³	301.00	10.150	10.150	10.150	10.150
	020900900	塑料薄膜	m²	0.45	—	175.000	—	—
	341100100	水	m³	4.42	2.000	3.680	2.200	1.340
	341100400	电	kW·h	0.70	8.160	4.320	6.528	6.528
	002000020	其他材料费	元	—	18.42	18.92	18.42	18.39

A.2.2 后浇混凝土钢筋

A.2.2.1 后浇混凝土钢筋

工作内容：钢筋制作、运输、绑扎、安装、点焊等。

计量单位：t

	定　额　编　号				MA0038	MA0039	MA0040	MA0041
	项　目　名　称				后浇混凝土钢筋			
					钢筋直径		箍筋	钢筋网片
					ϕ10mm 以内	ϕ10mm 以上		
	综　合　单　价　（元）				5929.64	5376.58	6156.31	5966.44
费用	其中	人　工　费　（元）			1333.44	963.36	1560.96	1334.88
		材　料　费　（元）			3973.58	3928.61	3938.56	3899.58
		施工机具使用费　（元）			78.67	81.96	40.07	157.22
		企　业　管　理　费　（元）			340.32	251.92	385.85	359.60
		利　　　润　（元）			182.45	135.05	206.85	192.78
		一　般　风　险　费　（元）			21.18	15.68	24.02	22.38
	编码	名　称	单位	单价（元）	消　　耗　　量			
人工	000300070	钢筋综合工	工日	120.00	11.112	8.028	13.008	11.124
材料	010100300	钢筋 ϕ 10 以内	t	3786.00	1.030	—	—	—
	010100315	钢筋 ϕ10 以外	t	3782.00	—	1.030	—	—
	010100013	钢筋	t	3780.00	—	—	1.030	—
	032100970	钢筋网片	t	3786.00	—	—	—	1.030
	031350010	低碳钢焊条 综合	kg	4.19	7.660	2.440	—	—
	010302020	镀锌铁丝 22$^{\#}$	kg	3.08	6.730	3.650	7.330	—
	341100100	水	m³	4.42	0.100	0.100	—	—
	002000010	其他材料费	元	—	20.73	11.24	22.58	
机械	990503030	电动卷扬机 单筒慢速 50kN	台班	192.37	0.292	0.150	—	—
	990701010	钢筋调直机 14mm	台班	36.89	0.240	0.080	0.220	0.230
	990702010	钢筋切断机 40mm	台班	41.85	0.110	0.100	0.140	0.120
	990703010	钢筋弯曲机 40mm	台班	25.84	0.350	0.210	1.010	—
	990904040	直流弧焊机 32kV·A	台班	89.62	—	0.360	—	—
	990908020	点焊机 75kV·A	台班	134.31	—	—	—	1.070
	990910030	对焊机 75kV·A	台班	109.41	—	0.070	—	—
	990919010	电焊条烘干箱 450×350×450	台班	17.13	—	0.036	—	—

A.2.2.2 后浇混凝土高强钢筋

工作内容:钢筋制作、运输、绑扎、安装等。　　　　　　　　　　　　　　　　　　　　　　　　　　　　　计量单位:t

	定　额　编　号			MA0042	MA0043	MA0044	MA0045
	项　目　名　称			高强钢筋			
				钢筋直径		箍筋	钢筋网片
				φ10mm以内	φ10mm以上		
	综　合　单　价　(元)			5729.17	5459.77	6051.31	5873.69
费用	其中	人　工　费　(元)		1202.40	1012.32	1484.64	1294.56
		材　料　费　(元)		3934.32	3942.02	3938.56	3899.58
		施工机具使用费　(元)		93.33	83.37	40.59	130.58
		企　业　管　理　费　(元)		312.27	264.06	367.58	343.46
		利　　润　(元)		167.41	141.56	197.06	184.13
		一　般　风　险　费　(元)		19.44	16.44	22.88	21.38
	编码	名　称	单位	单价(元)	消　　耗　　量		
人工	000300070	钢筋综合工	工日	120.00	10.020	8.436	12.372	10.788
材料	010100300	钢筋 φ10 以内	t	3786.00	1.030	—	—	—
	010100315	钢筋 φ10 以外	t	3782.00	—	1.030	—	—
	010100013	钢筋	t	3780.00	—	—	1.030	—
	032100970	钢筋网片	t	3786.00	—	—	—	1.030
	031350010	低碳钢焊条 综合	kg	4.19	—	5.670	—	—
	010302020	镀锌铁丝 22#	kg	3.08	5.640	3.630	7.330	—
	341100100	水	m³	4.42	—	0.100	—	—
	002000010	其他材料费	元	—	17.37	11.18	22.58	—
机械	990503030	电动卷扬机 单筒慢速 50kN	台班	192.37	0.292	0.150	—	—
	990701010	钢筋调直机 14mm	台班	36.89	0.442	—	0.220	0.230
	990702010	钢筋切断机 40mm	台班	41.85	0.268	0.095	0.140	0.120
	990703010	钢筋弯曲机 40mm	台班	25.84	0.373	0.210	1.030	—
	990904040	直流弧焊机 32kV·A	台班	89.62	—	0.401	—	—
	990910030	对焊机 75kV·A	台班	109.41	—	0.077	—	1.070
	990919010	电焊条烘干箱 450×350×450	台班	17.13	—	0.044	—	—

A.2.2.3 钢筋连接
A.2.2.3.1 套筒连接(灌浆式)

工作内容:钢筋截料、磨光、车丝、现场安装。　　　　　　　　　　　　　　　　　　　　　计量单位:10 个

	定　额　编　号			MA0046	MA0047
	项　目　名　称			灌浆套筒连接	
				钢筋直径(mm)	
				≤φ18	>φ18
	综　合　单　价　(元)			175.51	243.82
费用	其中	人　工　费　(元)		72.00	85.20
		材　料　费　(元)		63.00	105.07
		施工机具使用费　(元)		9.22	14.97
		企　业　管　理　费　(元)		19.58	24.14
		利　　润　(元)		10.49	12.94
		一　般　风　险　费　(元)		1.22	1.50
	编码	名　称	单位	单价(元)	消　　耗　　量	
人工	000300070	钢筋综合工	工日	120.00	0.600	0.710
材料	292102910	灌浆套筒连接件 φ18 以内	个	6.00	10.100	—
	292102920	灌浆套筒连接件 φ18 以上	个	10.00	—	10.100
	002000010	其他材料费	元	—	2.40	4.07
机械	990702010	钢筋切断机 40mm	台班	41.85	0.118	0.197
	990790010	螺纹车丝机 直径 45mm	台班	13.65	0.314	0.493

A.2.2.3.2 挤压套筒连接

工作内容:钢筋截料、磨光、现场安装。　　　　　　　　　　　　　　　　　　　　　　　　　　**计量单位:**10 个

	定　额　编　号				MA0048	MA0049
					挤压套筒连接	
	项　目　名　称				钢筋直径(mm)	
					≤φ25	>φ25
	综　合　单　价　(元)				170.88	236.33
费 用	其 中	人　工　费　(元)			72.00	85.20
		材　料　费　(元)			63.00	105.07
		施 工 机 具 使 用 费　(元)			5.88	9.56
		企 业 管 理 费　(元)			18.77	22.84
		利　　润　　(元)			10.06	12.24
		一 般 风 险 费　(元)			1.17	1.42
	编码	名　　称	单位	单价(元)	消　　耗　　量	
人 工	000300070	钢筋综合工	工日	120.00	0.600	0.710
材 料	292103020	挤压套筒连接件 φ≤25	个	6.00	10.100	—
	292103030	挤压套筒连接件 φ>25	个	10.00	—	10.100
	002000010	其他材料费	元	—	2.40	4.07
机 械	990702010	钢筋切断机 40mm	台班	41.85	0.118	0.197
	990765010	钢筋挤压连接机 直径40 mm	台班	31.25	0.030	0.042

B 装配式钢结构工程

说　　明

一、装配式钢结构安装包括钢网架安装、厂(库)房钢结构安装、住宅钢结构安装及钢结构围护体系安装等内容。大卖场、物流中心等钢结构安装工程,参照厂(库)房钢结构安装的相应定额执行;商务楼、商住楼等钢结构安装工程,参照住宅钢结构安装相应定额执行。

二、本章定额相应子目材料消耗所含的油漆,仅指构件安装时节点焊接或因切割引起的补漆。

三、预制钢构件安装

1.钢构件的制作、除锈、油漆及50km以内的运输费用包含在成品价格内。

2.构件安装定额中预制钢构件以外购成品编制,未考虑施工损耗。

3.钢结构构件安装,按构件种类及质量执行相应定额子目。

4.施工安装现场焊接所发生的磁粉探伤、超声波探伤等检测费用另行计算。

5.不锈钢螺栓球网架安装执行螺栓球节点网架安装定额子目,人工乘以系数0.95,扣除定额中油漆及稀释剂含量。

6.钢支座定额适用于单独成品支座安装。

7.厂(库)房钢结构的柱间支撑、屋面支撑、系杆、撑杆、隔撑、墙梁、钢天窗架等安装执行钢支撑安装定额子目;钢走道安装执行钢平台安装定额子目。

8.零星钢构件安装定额,适用于本章未列项目且单件质量在25kg以内的小型钢构件安装。住宅钢结构的零星钢构件安装执行厂(库)房钢结构的零星钢构件安装定额子目,并扣除定额中汽车式起重机消耗量。

9.厂(库)房钢结构安装的垂直运输已包括在相应定额内,不另行计算。住宅钢结构安装定额内的汽车式起重机台班用量为钢构件现场转运消耗量,垂直运输按本定额第五章"措施项目"相应定额子目执行。

10.组合钢板剪力墙安装执行住宅钢结构3t以内其他型式钢柱安装定额,相应定额人工、机械、材料(预制钢柱除外)消耗乘以系数1.5。

11.钢构件安装项目中已考虑现场拼装费用,但未考虑分块或整体吊装的钢网架、钢桁架地面平台拼装摊销,如发生执行现场拼装平台摊销定额子目。

12.钢柱、钢墙架、钢桁架安装按照垂直或水平状态考虑的,呈倾斜状态安装时,定额人工、机械乘以系数1.2,其他不变。

13.钢构件安装项目中已考虑螺栓安装费用,采用高强度螺栓安装时,另行计算高强度螺栓材料费。

四、围护体系安装

1.钢楼层板混凝土浇捣所需收边板的用量,均已包括在相应定额的消耗量中,不另行计算。

2.墙面板、屋面板的包角、包边、窗台泛水等所需增加的用量,均已包括在相应定额的消耗量中,不另单独计算。

3.硅酸钙板墙面板项目中双面隔墙定额墙体厚度按180mm考虑,其中镀锌钢龙骨用量按15kg/m²编制,设计与定额不同时应进行调整换算。

4.不锈钢天沟、彩钢板天沟不含支撑型钢骨架,展开宽度是按600mm考虑,若实际展开宽度与定额不同时,材料按比例调整,其他不变。

5.依附钢板天沟、不锈钢天沟、彩钢板天沟的型钢骨架执行钢板天沟定额子目。

6.型材屋面定额子目均不包含屋脊的工作内容,另按屋面板相应定额子目执行。

7.压型板屋面定额子目中的压型板是按成品压型板考虑。

五、其他项目

1.钢结构构件按设计要求或经审批的施工方案需加温预热处理时,执行液化气预热、后热与整体热处理定额子目。

2.防火涂料定额子目按涂料密度 500kg/m³ 考虑,当设计与定额取定的涂料密度不同时,防火涂料消耗量可作调整。

工程量计算规则

一、预制钢构件安装

1.构件安装工程量按成品构件的设计图示尺寸质量以"t"计算,不扣除单个面积 0.3m² 以内的孔洞质量,焊缝、铆钉、螺栓等不另增加质量。

2.钢网架工程量不扣除孔眼的质量,焊缝、铆钉等不另增加质量。焊接空心球网架质量包括连接钢管杆件、连接球、支托和网架支座等零件的质量,螺栓球节点网架质量包括连接钢管杆件(含高强螺栓、销子、套筒、锥头或封板)、螺栓球、支托和网架支座等零件的质量。

3.钢柱上的柱脚板、加劲板、柱顶板、隔板、肋板、节点板、加强环、内衬板(管)及依附在钢柱上的牛腿及悬臂梁的质量等并入钢柱的质量内计算。

4.钢平台的工程量包括钢平台的柱、梁、板、斜撑等的质量,依附于钢平台上的钢扶梯及钢平台栏杆,并入钢平台工程量内。

5.钢楼梯的工程量包括楼梯平台、楼梯梁、楼梯踏步等的质量,钢楼梯上的扶手、栏杆并入钢楼梯工程量内。

6.钢构件现场拼装平台摊销工程量,按实施拼装构件的工程量计算。

7.高强度螺栓,按设计图示数量以"套"计算。

二、围护体系安装

1.钢楼层板、屋面板,按设计图示尺寸的铺设面积以"m²"计算,不扣除单个面积 0.3m² 以内柱、垛及孔洞所占面积。

2.硅酸钙板墙面板,按设计墙体图示尺寸面积以"m²"计算,不扣除单个面积 0.3m² 以内孔洞所占面积。

3.保温岩棉铺设、EPS混凝土浇灌,按设计图示尺寸的铺设或浇灌体积以"m³"计算,不扣除单个面积 0.3m² 以内孔洞所占体积。

4.硅酸钙板包柱、包梁及蒸压砂加气保温块贴面工程量,按设计饰面实铺面积以"m²"计算,不扣除单个面积 0.3m² 以内孔洞所占面积。

5.钢板天沟,按设计图示尺寸质量以"t"计算,依附天沟的型钢并入天沟的质量内计算;不锈钢天沟、彩钢板天沟,按设计图示尺寸长度以"m"计算。

三、其他项目

1.加热处理工程量,按板材需焊接部位焊缝加热区域长度以"m"计算。

2.预埋铁件、螺栓预埋工程量,按设计图示质量以"t"计算。

3.剪力栓钉、花篮螺栓工程量,按设计数量以"套"计算。

4.钢结构构件防火涂料,按设计图示尺寸的展开面积以"m²"计算。

5.超声波探伤、磁粉探伤,按设计图示探伤焊缝长度以"m"计算。

B.1 预制钢构件安装

B.1.1 钢网架

B.1.1.1 钢网架

工作内容：构件拼装、加固、就位、吊装、校正、焊接、安装等全过程。

计量单位：t

	定 额 编 号				MB0001	MB0002	MB0003
	项 目 名 称				焊接空心球网架	螺栓球节点网架	焊接不锈钢空心球网架
	综 合 单 价（元）				9704.13	9566.36	26650.82
费用	其中	人 工 费（元）			868.80	820.80	868.80
		材 料 费（元）			7783.08	7799.34	24738.02
		施工机具使用费（元）			352.08	302.19	346.84
		企 业 管 理 费（元）			453.19	416.85	451.24
		利 润（元）			228.67	210.34	227.69
		一 般 风 险 费（元）			18.31	16.84	18.23
	编码	名 称	单位	单价（元）	消	耗	量
人工	000300160	金属制安综合工	工日	120.00	7.240	6.840	7.240
材料	334100400	成品焊接球网架	t	7450.00	1.000	—	—
	334100420	成品螺栓球网架	t	7450.00	—	1.000	—
	180503300	成品不锈钢钢管网架	t	23879.00	—	—	1.000
	010500060	钢丝绳 φ12	kg	6.69	8.200	8.200	8.200
	031350820	低合金钢焊条 E43 系列	kg	5.98	7.519	—	—
	031360110	焊丝 φ3.2	kg	4.79	3.574	—	—
	030104300	六角螺栓综合	kg	5.40	—	19.890	—
	016100200	钨棒	kg	192.31	—	—	0.155
	016301210	吊装夹具	套	123.93	0.060	0.060	0.060
	031360710	不锈钢焊丝	kg	48.63	—	—	10.043
	032130010	铁件 综合	kg	3.68	6.630	3.570	6.780
	050303200	垫木	m³	854.70	0.034	0.034	0.034
	130102100	环氧富锌底漆	kg	22.65	4.240	4.240	—
	143506800	稀释剂	kg	7.69	0.339	0.339	—
	143900300	二氧化碳	m³	4.38	2.200	—	—
	143900600	氩气	m³	12.72	—	—	7.975
	143900700	氧气	m³	3.26	2.530	—	—
	002000020	其他材料费	元	—	38.72	38.80	123.07
机械	990304020	汽车式起重机 20t	台班	968.56	0.312	0.312	0.312
	990901020	交流弧焊机 32kV·A	台班	85.07	0.228	—	—
	990912010	氩弧焊机 500A	台班	93.99	—	—	0.475
	990913020	二氧化碳气体保护焊机 500A	台班	128.14	0.238	—	—

工作内容:安装、定位、固定、焊接等。

计量单位:套

定　额　编　号					MB0004	MB0005	MB0006
项　目　名　称					固定支座	单向滑移支座	双向滑移支座
综　合　单　价　（元）					**4080.19**	**4135.60**	**4196.31**
费用其中	人　工　费　（元）				240.00	288.00	336.00
	材　料　费　（元）				3546.77	3541.42	3536.66
	施　工　机　具　使　用　费　（元）				99.00	89.62	83.22
	企　业　管　理　费　（元）				125.84	140.17	155.62
	利　润　（元）				63.49	70.73	78.52
	一　般　风　险　费　（元）				5.09	5.66	6.29
	编码	名　称	单位	单价（元）	消　耗		量
人工	000300160	金属制安综合工	工日	120.00	2.000	2.400	2.800
材料	010500020	钢丝绳	kg	6.69	0.820	0.820	0.820
	016301210	吊装夹具	套	123.93	0.030	0.030	0.030
	031350820	低合金钢焊条 E43 系列	kg	5.98	1.071	0.721	0.371
	031360110	焊丝 $\phi 3.2$	kg	4.79	1.257	0.803	0.433
	032130010	铁件 综合	kg	3.68	0.734	0.734	0.734
	050303200	垫木	m³	854.70	0.002	0.002	0.002
	143900300	二氧化碳	m³	4.38	0.704	0.462	0.264
	350300310	钢构件固定支座	套	3500.00	1.000	—	—
	350300320	单向滑移支座	套	3500.00	—	1.000	—
料	350300330	双向滑移支座	套	3500.00	—	—	1.000
	002000020	其他材料费	元	—	17.65	17.62	17.60
机	990304020	汽车式起重机 20t	台班	968.56	0.078	0.078	0.078
	990901020	交流弧焊机 32kV·A	台班	85.07	0.110	0.066	0.036
械	990913020	二氧化碳气体保护焊机 500A	台班	128.14	0.110	0.066	0.036

B.1.2 厂(库)房钢结构

B.1.2.1 钢屋架(钢托架)

工作内容：放线、卸料、检验、划线、构件拼装、加固、翻身就位、绑扎吊装、校正、焊接、固定、补漆、清理等。 计量单位：t

定 额 编 号					MB0007	MB0008	MB0009	MB0010	MB0011
项 目 名 称					钢屋架(钢托架)				
					质量(t)				
					≤1.5	≤3	≤8	≤15	≤25
综 合 单 价 (元)					7854.74	7754.50	7649.71	7825.06	8135.44
费用 其中	人 工 费 (元)				324.24	331.08	300.36	312.48	329.76
	材 料 费 (元)				6851.97	6840.02	6835.63	6837.86	6848.77
	施 工 机 具 使 用 费 (元)				313.05	250.10	217.01	314.91	487.95
	企 业 管 理 费 (元)				236.56	215.73	192.05	232.89	303.53
	利 润 (元)				119.36	108.85	96.90	117.51	153.16
	一 般 风 险 费 (元)				9.56	8.72	7.76	9.41	12.27
	编码	名 称	单位	单价(元)	消 耗 量				
人工	000300160	金属制安综合工	工日	120.00	2.702	2.759	2.503	2.604	2.748
材料	334300010	钢屋架	t	6720.81	1.000	1.000	1.000	1.000	1.000
	130302600	环氧富锌漆	kg	21.37	1.060	1.060	1.060	1.060	1.060
	010500060	钢丝绳 ϕ12	kg	6.69	3.280	3.280	3.280	3.280	3.280
	032130010	铁件 综合	kg	3.68	6.120	4.284	2.244	2.244	2.244
	031360110	焊丝 ϕ3.2	kg	4.79	1.082	1.082	1.298	1.298	1.854
	016301210	吊装夹具	套	123.93	0.020	0.020	0.020	0.020	0.020
	031350820	低合金钢焊条 E43 系列	kg	5.98	1.236	1.236	1.483	1.854	2.966
	050303200	垫木	m³	854.70	0.013	0.007	0.007	0.007	0.007
	143506800	稀释剂	kg	7.69	0.085	0.085	0.085	0.085	0.085
	143900300	二氧化碳	m³	4.38	0.715	0.715	0.858	0.858	1.210
	002000020	其他材料费	元	—	34.09	34.03	34.01	34.02	34.07
机械	990302040	履带式起重机 50t	台班	1354.21	—	—	—	—	0.325
	990304020	汽车式起重机 20t	台班	968.56	0.299	0.234	0.195	—	—
	990304036	汽车式起重机 40t	台班	1456.19	—	—	—	0.195	—
	990901020	交流弧焊机 32kV·A	台班	85.07	0.110	0.110	0.132	0.165	0.264
	990913020	二氧化碳气体保护焊机 500A	台班	128.14	0.110	0.110	0.132	0.132	0.198

工作内容：放线、卸料、检验、划线、构件拼装、加固、翻身就位、绑扎吊装、校正、焊接、固定、补漆、清理等。 计量单位：t

定 额 编 号				MB0012	MB0013	MB0014	MB0015	MB0016	MB0017
项 目 名 称				钢桁架					
				质量(t)					
				≤1.5	≤3	≤8	≤15	≤25	≤40
综 合 单 价（元）				8156.68	7894.92	7891.87	8028.20	8502.22	8839.99
费用 其中	人 工 费（元）			469.44	386.04	355.20	367.80	470.88	580.20
	材 料 费（元）			6905.61	6893.96	6879.99	6876.40	6893.35	6892.91
	施工机具使用费（元）			325.64	250.10	287.87	364.20	551.60	657.22
	企 业 管 理 费（元）			295.14	236.13	238.71	271.72	379.54	459.33
	利 润（元）			148.92	119.15	120.45	137.10	191.51	231.77
	一 般 风 险 费（元）			11.93	9.54	9.65	10.98	15.34	18.56
	编码	名 称	单位	单价(元)	消	耗		量	
人工	000300160	金属制安综合工	工日	120.00	3.912	3.217	2.960	3.065	3.924	4.835
材料	334300100	钢桁架	t	6720.81	1.000	1.000	1.000	1.000	1.000	1.000
	010500060	钢丝绳 φ12	kg	6.69	3.793	3.793	3.793	3.793	3.793	3.793
	016301210	吊装夹具	套	123.93	0.025	0.025	0.025	0.025	0.025	0.025
	031350820	低合金钢焊条 E43 系列	kg	5.98	3.461	2.854	2.163	2.163	3.461	3.461
	032130010	铁件 综合	kg	3.68	5.508	4.488	3.162	2.193	2.193	2.193
	031360110	焊丝 φ3.2	kg	4.79	3.028	2.472	1.854	1.854	3.028	3.028
	050303200	垫木	m³	854.70	0.013	0.013	0.013	0.013	0.013	0.013
	130302600	环氧富锌漆	kg	21.37	2.120	2.120	2.120	2.120	2.120	2.100
	143506800	稀释剂	kg	7.69	0.170	0.170	0.170	0.170	0.170	0.170
	143900300	二氧化碳	m³	4.38	2.002	1.650	1.210	1.210	2.002	2.002
	002000020	其他材料费	元	—	34.36	34.30	34.23	34.21	34.30	34.29
机械	990302040	履带式起重机 50t	台班	1354.21	—	—	—	—	0.390	0.468
	990304020	汽车式起重机 20t	台班	968.56	0.312	0.234	0.273	—	—	—
	990304036	汽车式起重机 40t	台班	1456.19	—	—	—	0.234	—	—
	990901020	交流弧焊机 32kV·A	台班	85.07	0.110	0.110	0.110	0.110	0.110	0.110
	990913020	二氧化碳气体保护焊机 500A	台班	128.14	0.110	0.110	0.110	0.110	0.110	0.110

B.1.2.2 钢柱

工作内容: 放线、卸料、检验、划线、构件拼装、加固、翻身就位、绑扎吊装、校正、焊接、固定、补漆、清理等。 计量单位:t

定 额 编 号					MB0018	MB0019	MB0020	MB0021
项 目 名 称					H 型钢柱			
					质量(t)			
					≤3	≤8	≤15	≤25
综 合 单 价 (元)					7737.98	7575.91	7771.54	7962.63
费用其中		人 工 费 (元)			372.60	302.40	277.56	326.16
		材 料 费 (元)			6877.04	6865.04	6851.10	6851.10
		施 工 机 具 使 用 费 (元)			174.55	149.37	307.41	380.24
		企 业 管 理 费 (元)			203.10	167.70	217.14	262.22
		利 润 (元)			102.48	84.62	109.56	132.31
		一 般 风 险 费 (元)			8.21	6.78	8.77	10.60
	编码	名 称	单位	单价(元)	消 耗 量			
人工	000300160	金属制安综合工	工日	120.00	3.105	2.520	2.313	2.718
材料	334300200	H 型钢柱	t	6720.81	1.000	1.000	1.000	1.000
	130302600	环氧富锌漆	kg	21.37	1.410	1.410	1.410	1.410
	016301210	吊装夹具	套	123.93	0.020	0.020	0.020	0.025
	032130010	铁件 综合	kg	3.68	10.588	7.344	3.570	2.550
	010500060	钢丝绳 φ12	kg	6.69	3.690	3.690	3.690	3.690
	031350820	低合金钢焊条 E43 系列	kg	5.98	1.236	1.236	1.236	1.483
	031360110	焊丝 φ3.2	kg	4.79	1.082	1.082	1.082	1.298
	050303200	垫木	m³	854.70	0.011	0.011	0.011	0.011
	143506800	稀释剂	kg	7.69	0.085	0.085	0.085	0.085
	143900300	二氧化碳	m³	4.38	0.715	0.715	0.715	0.858
	002000020	其他材料费	元	—	34.21	34.15	34.09	34.09
机械	990302040	履带式起重机 50t	台班	1354.21	—	—	—	0.260
	990304020	汽车式起重机 20t	台班	968.56	0.156	0.130	—	—
	990304036	汽车式起重机 40t	台班	1456.19	—	—	0.195	—
	990901020	交流弧焊机 32kV·A	台班	85.07	0.110	0.110	0.110	0.132
	990913020	二氧化碳气体保护焊机 500A	台班	128.14	0.110	0.110	0.110	0.132

工作内容：放线、卸料、检验、划线、构件拼装、加固、翻身就位、绑扎吊装、校正、焊接、固定、补漆、清理等。　　　　计量单位：t

定 额 编 号					MB0022	MB0023	MB0024	MB0025
项 目 名 称					十字柱			
					质量(t)			
					≤3	≤8	≤15	≤25
综 合 单 价 (元)					**8701.19**	**8551.92**	**8605.05**	**8775.37**
费用	其中	人 工 费 (元)			462.96	375.72	344.88	405.24
		材 料 费 (元)			7478.61	7466.61	7452.65	7454.18
		施工机具使用费 (元)			314.02	314.02	387.50	434.41
		企 业 管 理 费 (元)			288.42	256.03	271.86	311.68
		利 润 (元)			145.53	129.19	137.17	157.27
		一 般 风 险 费 (元)			11.65	10.35	10.99	12.59
	编码	名 称	单位	单价(元)	消 耗 量			
人工	000300160	金属制安综合工	工日	120.00	3.858	3.131	2.874	3.377
材料	334300300	十字柱	t	7311.82	1.000	1.000	1.000	1.000
	032130010	铁件 综合	kg	3.68	10.588	7.344	3.570	2.550
	130302600	环氧富锌漆	kg	21.37	1.410	1.410	1.410	1.410
	010500060	钢丝绳 φ12	kg	6.69	3.690	3.690	3.690	3.690
	031350820	低合金钢焊条 E43 系列	kg	5.98	2.500	2.500	2.500	3.000
	031360110	焊丝 φ3.2	kg	4.79	1.082	1.082	1.082	1.298
	143506800	稀释剂	kg	7.69	0.085	0.085	0.085	0.085
	016301210	吊装夹具	套	123.93	0.020	0.020	0.020	0.025
	050303200	垫木	m³	854.70	0.011	0.011	0.011	0.011
	143900300	二氧化碳	m³	4.38	0.715	0.715	0.715	0.858
	002000020	其他材料费	元	—	37.21	37.15	37.08	37.09
机械	990302040	履带式起重机 50t	台班	1354.21	—	—	—	0.300
	990304020	汽车式起重机 20t	台班	968.56	0.300	0.300	—	—
	990304036	汽车式起重机 40t	台班	1456.19	—	—	0.250	—
	990901020	交流弧焊机 32kV·A	台班	85.07	0.110	0.110	0.110	0.132
	990913020	二氧化碳气体保护焊机 500A	台班	128.14	0.110	0.110	0.110	0.132

工作内容：放线、卸料、检验、划线、构件拼装、加固、翻身就位、绑扎吊装、校正、焊接、固定、补漆、清理等。　　　　计量单位：t

定 额 编 号					MB0026	MB0027	MB0028	MB0029
项 目 名 称					箱型柱			
					质量(t)			
					≤3	≤8	≤15	≤25
综 合 单 价 (元)					**8057.78**	**7915.77**	**8081.26**	**8282.85**
费用	其中	人 工 费 (元)			392.40	318.48	292.32	343.56
		材 料 费 (元)			7106.26	7094.26	7080.31	7080.03
		施工机具使用费 (元)			212.32	203.61	343.81	420.86
		企 业 管 理 费 (元)			224.47	193.80	236.13	283.75
		利 润 (元)			113.26	97.79	119.15	143.18
		一 般 风 险 费 (元)			9.07	7.83	9.54	11.47
	编码	名 称	单位	单价(元)	消 耗 量			
人工	000300160	金属制安综合工	工日	120.00	3.270	2.654	2.436	2.863
材料	334300400	箱型柱	t	6944.32	1.000	1.000	1.000	1.000
	032130010	铁件 综合	kg	3.68	10.588	7.344	3.570	2.550
	130302600	环氧富锌漆	kg	21.37	1.410	1.410	1.410	1.410
	010500060	钢丝绳 φ12	kg	6.69	3.690	3.690	3.690	3.690
	031350820	低合金钢焊条 E43 系列	kg	5.98	2.000	2.000	2.000	2.200
	031360110	焊丝 φ3.2	kg	4.79	1.082	1.082	1.082	1.298
	050303200	垫木	m³	854.70	0.011	0.011	0.011	0.011
	143506800	稀释剂	kg	7.69	0.085	0.085	0.085	0.085
	016301210	吊装夹具	套	123.93	0.020	0.020	0.020	0.025
	143900300	二氧化碳	m³	4.38	0.715	0.715	0.715	0.858
	002000020	其他材料费	元	—	35.35	35.29	35.23	35.22
机械	990302040	履带式起重机 50t	台班	1354.21	—	—	—	0.290
	990304020	汽车式起重机 20t	台班	968.56	0.195	0.186	—	—
	990304036	汽车式起重机 40t	台班	1456.19	—	—	0.220	—
	990901020	交流弧焊机 32kV·A	台班	85.07	0.110	0.110	0.110	0.132
	990913020	二氧化碳气体保护焊机 500A	台班	128.14	0.110	0.110	0.110	0.132

工作内容：放线、卸料、检验、划线、构件拼装、加固、翻身就位、绑扎吊装、校正、焊接、固定、补漆、清理等。　　　　　　计量单位：t

定 额 编 号				MB0030	MB0031	MB0032	MB0033
项 目 名 称				圆管柱			
				质量（t）			
				≤3	≤8	≤15	≤25
综 合 单 价 （元）				**9220.88**	**9080.32**	**9283.51**	**9458.17**
费用 其中		人 工 费 （元）		299.88	243.36	223.32	262.44
		材 料 费 （元）		8474.36	8462.36	8448.40	8446.92
		施工机具使用费 （元）		174.55	149.37	307.41	380.24
		企 业 管 理 费 （元）		176.11	145.78	197.01	238.56
		利 润 （元）		88.86	73.56	99.41	120.37
		一 般 风 险 费 （元）		7.12	5.89	7.96	9.64
	编码	名 称	单位	单价（元）	消 耗 量		
人工	000300160	金属制安综合工	工日	120.00	2.499	2.028	1.861	2.187
材料	334300500	圆管柱	t	8308.00	1.000	1.000	1.000	1.000
	032130010	铁件 综合	kg	3.68	10.588	7.344	3.570	2.550
	130302600	环氧富锌漆	kg	21.37	1.410	1.410	1.410	1.410
	010500060	钢丝绳 φ12	kg	6.69	3.690	3.690	3.690	3.690
	031350820	低合金钢焊条 E43 系列	kg	5.98	1.600	1.600	1.600	1.600
	031360110	焊丝 φ3.2	kg	4.79	1.082	1.082	1.082	1.298
	016301210	吊装夹具	套	123.93	0.020	0.020	0.020	0.025
	050303200	垫木	m³	854.70	0.011	0.011	0.011	0.011
	143506800	稀释剂	kg	7.69	0.085	0.085	0.085	0.085
	143900300	二氧化碳	m³	4.38	0.715	0.715	0.715	0.858
	002000020	其他材料费	元	—	42.16	42.10	42.03	42.02
机械	990302040	履带式起重机 50t	台班	1354.21	—	—	—	0.260
	990304020	汽车式起重机 20t	台班	968.56	0.156	0.130	—	—
	990304036	汽车式起重机 40t	台班	1456.19	—	—	0.195	—
	990901020	交流弧焊机 32kV·A	台班	85.07	0.110	0.110	0.110	0.132
	990913020	二氧化碳气体保护焊机 500A	台班	128.14	0.110	0.110	0.110	0.132

工作内容：放线、卸料、检验、划线、构件拼装、加固、翻身就位、绑扎吊装、校正、焊接、固定、补漆、清理等。　　　　　　计量单位：t

定 额 编 号				MB0034	MB0035	MB0036	MB0037
项 目 名 称				其他型式钢柱			
				质量（t）			
				≤3	≤8	≤15	≤25
综 合 单 价 （元）				**8356.35**	**8191.43**	**8386.13**	**8579.09**
费用 其中		人 工 费 （元）		381.96	309.96	284.52	334.32
		材 料 费 （元）		7480.68	7468.68	7454.73	7454.73
		施工机具使用费 （元）		174.55	149.37	307.41	380.24
		企 业 管 理 费 （元）		206.58	170.50	219.72	265.24
		利 润 （元）		104.23	86.03	110.87	133.84
		一 般 风 险 费 （元）		8.35	6.89	8.88	10.72
	编码	名 称	单位	单价（元）	消 耗 量		
人工	000300160	金属制安综合工	工日	120.00	3.183	2.583	2.371	2.786
材料	334300600	其它钢柱	t	7321.44	1.000	1.000	1.000	1.000
	032130010	铁件 综合	kg	3.68	10.588	7.344	3.570	2.550
	130302600	环氧富锌漆	kg	21.37	1.410	1.410	1.410	1.410
	010500060	钢丝绳 φ12	kg	6.69	3.690	3.690	3.690	3.690
	016301210	吊装夹具	套	123.93	0.020	0.020	0.020	0.025
	031350820	低合金钢焊条 E43 系列	kg	5.98	1.236	1.236	1.236	1.483
	031360110	焊丝 φ3.2	kg	4.79	1.082	1.082	1.082	1.298
	050303200	垫木	m³	854.70	0.011	0.011	0.011	0.011
	143506800	稀释剂	kg	7.69	0.085	0.085	0.085	0.085
	143900300	二氧化碳	m³	4.38	0.715	0.715	0.715	0.858
	002000020	其他材料费	元	—	37.22	37.16	37.09	37.09
机械	990302040	履带式起重机 50t	台班	1354.21	—	—	—	0.260
	990304020	汽车式起重机 20t	台班	968.56	0.156	0.130	—	—
	990304036	汽车式起重机 40t	台班	1456.19	—	—	0.195	—
	990901020	交流弧焊机 32kV·A	台班	85.07	0.110	0.110	0.110	0.132
	990913020	二氧化碳气体保护焊机 500A	台班	128.14	0.110	0.110	0.110	0.132

工作内容：放线、卸料、检验、划线、构件拼装、加固、翻身就位、绑扎吊装、校正、焊接、固定、补漆、清理等。　计量单位：t

定 额 编 号					MB0038	MB0039	MB0040	MB0041
项 目 名 称					H 型钢梁			
					质量（t）			
					≤1.5	≤3	≤8	≤15
综 合 单 价 （元）					7585.20	7362.99	7351.37	7524.28
费用其中	人 工 费 （元）				258.12	226.68	174.24	198.48
	材 料 费 （元）				6719.09	6702.14	6685.04	6698.74
	施工机具使用费 （元）				292.31	193.31	249.23	326.17
	企 业 管 理 费 （元）				204.32	155.90	157.19	194.75
	利 润 （元）				103.10	78.66	79.32	98.27
	一 般 风 险 费 （元）				8.26	6.30	6.35	7.87
	编码	名 称	单位	单价（元）	消 耗 量			
人工	000300160	金属制安综合工	工日	120.00	2.151	1.889	1.452	1.654
材料	334300700	H 型钢梁	t	6549.20	1.000	1.000	1.000	1.000
	130302600	环氧富锌漆	kg	21.37	1.410	1.410	1.410	1.410
	032130010	铁件 综合	kg	3.68	7.344	7.344	3.672	5.304
	010500060	钢丝绳 φ12	kg	6.69	3.280	3.280	3.280	3.895
	016301210	吊装夹具	套	123.93	0.020	0.020	0.020	0.020
	143900300	二氧化碳	m³	4.38	2.002	1.210	1.078	1.210
	031350820	低合金钢焊条 E43 系列	kg	5.98	3.461	2.163	1.854	2.163
	031360110	焊丝 φ3.2	kg	4.79	3.028	1.854	1.627	1.854
	050303200	垫木	m³	854.70	0.012	0.012	0.012	0.012
	143506800	稀释剂	kg	7.69	0.085	0.085	0.085	0.085
	002000020	其他材料费	元	—	33.43	33.34	33.26	33.33
机械	990304020	汽车式起重机 20t	台班	968.56	0.234	0.156	0.221	—
	990304036	汽车式起重机 40t	台班	1456.19	—	—	—	0.195
	990901020	交流弧焊机 32kV·A	台班	85.07	0.308	0.198	0.165	0.198
	990913020	二氧化碳气体保护焊机 500A	台班	128.14	0.308	0.198	0.165	0.198

工作内容：放线、卸料、检验、划线、构件拼装、加固、翻身就位、绑扎吊装、校正、焊接、固定、补漆、清理等。　计量单位：t

定 额 编 号					MB0042	MB0043	MB0044	MB0045
项 目 名 称					箱型梁			
					质量（t）			
					≤1.5	≤3	≤8	≤15
综 合 单 价 （元）					8064.12	7823.79	7764.59	7965.97
费用其中	人 工 费 （元）				368.64	323.76	248.88	283.44
	材 料 费 （元）				7024.11	7010.17	6980.81	7006.75
	施工机具使用费 （元）				292.31	193.31	249.23	326.17
	企 业 管 理 费 （元）				245.35	191.94	184.90	226.29
	利 润 （元）				123.80	96.85	93.30	114.18
	一 般 风 险 费 （元）				9.91	7.76	7.47	9.14
	编码	名 称	单位	单价（元）	消 耗 量			
人工	000300160	金属制安综合工	工日	120.00	3.072	2.698	2.074	2.362
材料	330104050	箱型梁	t	6843.50	1.000	1.000	1.000	1.000
	031350820	低合金钢焊条 E43 系列	kg	5.98	5.000	4.200	1.854	4.200
	032130010	铁件 综合	kg	3.68	7.344	7.344	3.672	5.304
	010500060	钢丝绳 φ12	kg	6.69	3.280	3.280	3.280	3.895
	031360110	焊丝 φ3.2	kg	4.79	3.028	1.854	1.627	1.854
	016301210	吊装夹具	套	123.93	0.020	0.020	0.020	0.020
	143900300	二氧化碳	m³	4.38	2.002	1.210	1.078	1.210
	050303200	垫木	m³	854.70	0.012	0.012	0.012	0.012
	130302600	环氧富锌漆	kg	21.37	1.410	1.410	1.410	1.410
	143506800	稀释剂	kg	7.69	0.085	0.085	0.085	0.085
	002000020	其他材料费	元	—	34.95	34.88	34.73	34.86
机械	990304020	汽车式起重机 20t	台班	968.56	0.234	0.156	0.221	—
	990304036	汽车式起重机 40t	台班	1456.19	—	—	—	0.195
	990901020	交流弧焊机 32kV·A	台班	85.07	0.308	0.198	0.165	0.198
	990913020	二氧化碳气体保护焊机 500A	台班	128.14	0.308	0.198	0.165	0.198

工作内容:放线、卸料、检验、划线、构件拼装、加固、翻身就位、绑扎吊装、校正、焊接、固定、补漆、清理等。　　　　　计量单位:t

定　额　编　号					MB0046	MB0047	MB0048	MB0049
项　目　名　称					钢吊车梁			
					质量(t)			
					≤3	≤8	≤15	≤25
综　合　单　价　(元)					**8188.08**	**8029.92**	**8020.69**	**8317.93**
费用其中		人　工　费　(元)			201.96	147.84	103.68	159.84
		材　料　费　(元)			7439.87	7426.30	7426.30	7438.60
		施工机具使用费　(元)			273.55	235.78	274.07	399.00
		企　业　管　理　费　(元)			176.51	142.40	140.22	207.44
		利　　　润　(元)			89.06	71.85	70.75	104.67
		一　般　风　险　费　(元)			7.13	5.75	5.67	8.38
	编码	名　　称	单位	单价(元)	消　　耗　　量			
人工	000300160	金属制安综合工	工日	120.00	1.683	1.232	0.864	1.332
材料	330104550	钢吊车梁	t	7279.82	1.000	1.000	1.000	1.000
	130302600	环氧富锌漆	kg	21.37	1.410	1.410	1.410	1.410
	032130010	铁件 综合	kg	3.68	7.344	3.672	3.672	5.712
	010500060	钢丝绳 φ12	kg	6.69	3.280	3.280	3.280	3.895
	031350820	低合金钢焊条 E43 系列	kg	5.98	2.472	2.472	2.472	2.472
	031360110	焊丝 φ3.2	kg	4.79	2.163	2.163	2.163	2.163
	143900300	二氧化碳	m³	4.38	1.430	1.430	1.430	1.430
	016301210	吊装夹具	套	123.93	0.020	0.020	0.020	0.025
	050303200	垫木	m³	854.70	0.011	0.011	0.011	0.011
	143506800	稀释剂	kg	7.69	0.085	0.085	0.085	0.085
	002000020	其他材料费	元	—	37.01	36.95	36.95	37.01
机械	990302040	履带式起重机 50t	台班	1354.21	—	—	—	0.260
	990304020	汽车式起重机 20t	台班	968.56	0.234	0.195	—	—
	990304036	汽车式起重机 40t	台班	1456.19	—	—	0.156	—
	990901020	交流弧焊机 32kV·A	台班	85.07	0.220	0.220	0.220	0.220
	990913020	二氧化碳气体保护焊机 500A	台班	128.14	0.220	0.220	0.220	0.220

B.1.2.5 钢平台、钢楼梯

工作内容：放线、卸料、检验、划线、构件拼装、加固、翻身就位、绑扎吊装、校正、焊接、固定、补漆、清理等。　　　　计量单位：t

定　额　编　号					MB0050	MB0051	MB0052
项　目　名　称					钢平台(钢走道)	钢楼梯	
						踏步式	爬式
综　合　单　价　(元)					**8369.65**	**8368.53**	**8997.70**
费用	其中	人　工　费　(元)			647.88	640.56	1085.52
		材　料　费　(元)			6932.55	7022.20	6910.80
		施工机具使用费　(元)			265.44	215.07	240.76
		企业管理费　(元)			339.02	317.61	492.32
		利　　润　(元)			171.06	160.26	248.41
		一般风险费　(元)			13.70	12.83	19.89
	编码	名　称	单位	单价(元)	消	耗	量
人工	000300160	金属制安综合工	工日	120.00	5.399	5.338	9.046
材料	330103110	钢平台	t	6740.80	1.000	—	—
	334300800	钢楼梯(踏步式)	t	6836.20	—	1.000	—
	334300900	钢楼梯(爬式)	t	6731.20	—	—	1.000
	130302600	环氧富锌漆	kg	21.37	2.820	2.820	2.820
	030104300	六角螺栓综合	kg	5.40	5.406	3.570	—
	031350820	低合金钢焊条 E43 系列	kg	5.98	3.461	3.461	5.191
	010500060	钢丝绳 ϕ12	kg	6.69	3.280	3.280	3.280
	016301210	吊装夹具	套	123.93	0.020	0.020	0.020
	050303200	垫木	m³	854.70	0.023	0.026	0.026
料	143506800	稀释剂	kg	7.69	0.170	0.170	0.339
	143900700	氧气	m³	3.26	0.528	0.880	1.430
	002000020	其他材料费	元	—	34.49	34.94	34.38
机械	990304020	汽车式起重机 20t	台班	968.56	0.247	0.195	0.208
	990901020	交流弧焊机 32kV·A	台班	85.07	0.308	0.308	0.462

B.1.2.6 其他钢构件

工作内容：放线、卸料、检验、划线、构件拼装、加固、翻身就位、绑扎吊装、校正、焊接、固定、补漆、清理等。　　　　计量单位：t

定　额　编　号					MB0053	MB0054	MB0055	MB0056
项　目　名　称					钢支撑	钢檩条	钢墙架(挡风架)	零星钢构件
综　合　单　价　(元)					**7710.11**	**7392.96**	**8164.74**	**8753.68**
费用	其中	人　工　费　(元)			305.52	208.80	609.36	794.40
		材　料　费　(元)			6831.53	6726.00	6842.60	7046.40
		施工机具使用费　(元)			252.84	215.07	230.90	290.62
		企业管理费　(元)			207.26	157.34	311.90	402.76
		利　　润　(元)			104.58	79.39	157.38	203.22
		一般风险费　(元)			8.38	6.36	12.60	16.28
	编码	名　称	单位	单价(元)	消	耗		量
人工	000300160	金属制安综合工	工日	120.00	2.546	1.740	5.078	6.620
材料	330101902	钢支撑	t	6638.00	1.000	—	—	—
	012101500	钢檩条	t	6550.00	—	1.000	—	—
	334301000	钢墙架	t	6659.01	—	—	1.000	—
	334301100	零星钢构件	t	6638.73	—	—	—	1.030
	130302600	环氧富锌漆	kg	21.37	2.820	2.820	2.820	2.820
	030104300	六角螺栓综合	kg	5.40	5.406	5.406	3.570	6.630
	010500060	钢丝绳 ϕ12	kg	6.69	4.920	4.920	4.920	4.920
	031350820	低合金钢焊条 E43 系列	kg	5.98	3.461	0.618	2.163	3.461
	016301210	吊装夹具	套	123.93	0.020	0.020	0.020	0.020
	050303200	垫木	m³	854.70	0.014	0.014	0.023	0.023
料	143506800	稀释剂	kg	7.69	0.170	0.170	0.170	0.170
	143900700	氧气	m³	3.26	0.220	0.220	0.220	0.100
	002000020	其他材料费	元	—	33.99	33.46	34.04	35.06
机械	990304020	汽车式起重机 20t	台班	968.56	0.234	0.195	0.221	0.273
	990901020	交流弧焊机 32kV·A	台班	85.07	0.308	0.308	0.198	0.308

B.1.2.7 现场拼装平台摊销

工作内容:划线、切割、组装、就位、焊接、翻身、校正、调平、清理、拆除、整理等。　　　　　　　　计量单位:t

定　额　编　号				MB0057
项　目　名　称				现场拼装平台摊销
		综　合　单　价（元）		**566.53**
费用	其中	人　工　费（元）		170.64
		材　料　费（元）		219.86
		施 工 机 具 使 用 费（元）		49.68
		企 业 管 理 费（元）		81.78
		利　　润（元）		41.27
		一 般 风 险 费（元）		3.30
	编码	名　称	单位	单价(元)	消　耗　量
人工	000300160	金属制安综合工	工日	120.00	1.422
材料	010000010	型钢 综合	kg	4.15	38.160
	012901370	中厚钢板 综合	kg	3.61	5.300
	010500060	钢丝绳 φ12	kg	6.69	0.394
	016301210	吊装夹具	套	123.93	0.001
	050303200	垫木	m³	854.70	0.032
	031350820	低合金钢焊条 E43系列	kg	5.98	0.283
	031360110	焊丝 φ3.2	kg	4.79	0.902
	143900300	二氧化碳	m³	4.38	0.537
	143900700	氧气	m³	3.26	0.858
	002000020	其他材料费	元	—	1.09
机械	990304020	汽车式起重机 20t	台班	968.56	0.039
	990901020	交流弧焊机 32kV·A	台班	85.07	0.021
	990913020	二氧化碳气体保护焊机 500A	台班	128.14	0.079

B.1.3　住宅钢结构

B.1.3.1　钢柱

工作内容:放线、卸料、检验、划线、构件拼装、加固、翻身就位、绑扎吊装、校正、焊接、固定、补漆、清理等。　　　　　　　计量单位:t

定　额　编　号				MB0058	MB0059	MB0060	MB0061
项　目　名　称				H 型钢柱			
				质量（t）			
				≤3	≤5	≤10	≤15
		综　合　单　价（元）		**7712.03**	**7632.97**	**7562.07**	**7548.46**
费用	其中	人　工　费（元）		434.76	391.32	352.20	339.24
		材　料　费（元）		6901.19	6895.26	6891.27	6889.34
		施 工 机 具 使 用 费（元）		80.55	77.52	74.11	79.65
		企 业 管 理 费（元）		191.28	174.03	158.25	155.49
		利　　润（元）		96.52	87.81	79.85	78.46
		一 般 风 险 费（元）		7.73	7.03	6.39	6.28
	编码	名　称	单位	单价(元)	消　　耗　　量			
人工	000300160	金属制安综合工	工日	120.00	3.623	3.261	2.935	2.827
材料	334300200	H 型钢柱	t	6720.81	1.000	1.000	1.000	1.000
	032130010	铁件 综合	kg	3.68	10.588	7.344	6.528	5.610
	130302600	环氧富锌漆	kg	21.37	1.060	1.410	1.410	1.410
	010500060	钢丝绳 φ12	kg	6.69	3.690	3.690	3.690	3.690
	016301210	吊装夹具	套	123.93	0.020	0.020	0.020	0.020
	031360110	焊丝 φ3.2	kg	4.79	4.429	4.429	4.429	4.429
	143900300	二氧化碳	m³	4.38	2.420	2.090	1.870	2.200
	031350820	低合金钢焊条 E43系列	kg	5.98	2.575	2.575	2.575	2.575
	050303200	垫木	m³	854.70	0.011	0.011	0.011	0.011
	143506800	稀释剂	kg	7.69	0.085	0.085	0.085	0.085
	002000020	其他材料费	元	—	34.33	34.30	34.28	34.28
机械	990304036	汽车式起重机 40t	台班	1456.19	0.026	0.026	0.026	0.026
	990901020	交流弧焊机 32kV·A	台班	85.07	0.187	0.180	0.170	0.190
	990913020	二氧化碳气体保护焊机 500A	台班	128.14	0.209	0.190	0.170	0.200

工作内容:放线、卸料、检验、划线、构件拼装、加固、翻身就位、绑扎吊装、校正、焊接、固定、补漆、清理等。　　　　　　　计量单位:t

	定　额　编　号			MB0062	MB0063	MB0064	MB0065
	项　目　名　称			十字柱			
				质量(t)			
				≤3	≤5	≤10	≤15
	综　合　单　价　(元)			8499.73	8396.54	8299.78	8281.51
费用	其中	人　工　费　(元)		540.12	486.12	437.52	421.44
		材　料　费　(元)		7523.11	7509.66	7494.73	7493.04
		施工机具使用费　(元)		80.55	77.52	74.11	79.65
		企业管理费　(元)		230.39	209.22	189.92	186.01
		利　润　(元)		116.25	105.57	95.83	93.85
		一　般　风　险　费　(元)		9.31	8.45	7.67	7.52
	编码	名　称	单位	单价(元)	消　　耗　　量		
人工	000300160	金属制安综合工	工日	120.00	4.501	4.051	3.646	3.512
材料	334300300	十字柱	t	7311.82	1.000	1.000	1.000	1.000
	032130010	铁件 综合	kg	3.68	10.588	7.344	3.570	2.550
	031360110	焊丝 φ3.2	kg	4.79	6.520	6.520	6.520	6.520
	130302600	环氧富锌漆	kg	21.37	1.410	1.410	1.410	1.410
	010500060	钢丝绳 φ12	kg	6.69	3.690	3.690	3.690	3.690
	016301210	吊装夹具	套	123.93	0.020	0.020	0.020	0.025
	031350820	低合金钢焊条 E43 系列	kg	5.98	4.300	4.300	4.300	4.300
	050303200	垫木	m³	854.70	0.011	0.011	0.011	0.011
	143506800	稀释剂	kg	7.69	0.085	0.085	0.085	0.085
	143900300	二氧化碳	m³	4.38	2.420	2.090	1.870	2.200
	002000020	其他材料费	元	—	37.43	37.36	37.29	37.28
机械	990304036	汽车式起重机 40t	台班	1456.19	0.026	0.026	0.026	0.026
	990901020	交流弧焊机 32kV·A	台班	85.07	0.187	0.180	0.170	0.190
	990913020	二氧化碳气体保护焊机 500A	台班	128.14	0.209	0.190	0.170	0.200

工作内容:放线、卸料、检验、划线、构件拼装、加固、翻身就位、绑扎吊装、校正、焊接、固定、补漆、清理等。　　　　　　　计量单位:t

	定　额　编　号			MB0066	MB0067	MB0068	MB0069
	项　目　名　称			箱型柱			
				质量(t)			
				≤3	≤5	≤10	≤15
	综　合　单　价　(元)			7998.37	7908.20	7822.95	7808.65
费用	其中	人　工　费　(元)		457.92	412.20	370.92	357.36
		材　料　费　(元)		7151.08	7137.63	7122.70	7121.01
		施工机具使用费　(元)		80.55	77.52	74.11	79.65
		企业管理费　(元)		199.88	181.78	165.19	162.22
		利　润　(元)		100.86	91.72	83.35	81.85
		一　般　风　险　费　(元)		8.08	7.35	6.68	6.56
	编码	名　称	单位	单价(元)	消　　耗　　量		
人工	000300160	金属制安综合工	工日	120.00	3.816	3.435	3.091	2.978
材料	334300400	箱型柱	t	6944.32	1.000	1.000	1.000	1.000
	032130010	铁件 综合	kg	3.68	10.588	7.344	3.570	2.550
	130302600	环氧富锌漆	kg	21.37	1.410	1.410	1.410	1.410
	031360110	焊丝 φ3.2	kg	4.79	6.210	6.210	6.210	6.210
	031350820	低合金钢焊条 E43 系列	kg	5.98	4.100	4.100	4.100	4.100
	010500060	钢丝绳 φ12	kg	6.69	3.690	3.690	3.690	3.690
	016301210	吊装夹具	套	123.93	0.020	0.020	0.020	0.025
	050303200	垫木	m³	854.70	0.011	0.011	0.011	0.011
	143900300	二氧化碳	m³	4.38	2.420	2.090	1.870	2.200
	143506800	稀释剂	kg	7.69	0.085	0.085	0.085	0.085
	002000020	其他材料费	元	—	35.58	35.51	35.44	35.43
机械	990304036	汽车式起重机 40t	台班	1456.19	0.026	0.026	0.026	0.026
	990901020	交流弧焊机 32kV·A	台班	85.07	0.187	0.180	0.170	0.190
	990913020	二氧化碳气体保护焊机 500A	台班	128.14	0.209	0.190	0.170	0.200

工作内容:放线、卸料、检验、划线、构件拼装、加固、翻身就位、绑扎吊装、校正、焊接、固定、补漆、清理等。　　　　　　计量单位:t

定　额　编　号					MB0070	MB0071	MB0072	MB0073
项　目　名　称					圆管柱			
					质量(t)			
					≤3	≤5	≤10	≤15
综　合　单　价　(元)					9189.47	9116.27	9046.49	9065.11
费用	其中	人　工　费　(元)			349.80	314.88	283.44	273.00
		材　料　费　(元)			8512.31	8498.82	8483.89	8510.22
		施工机具使用费　(元)			80.55	77.52	74.11	79.65
		企业管理费　(元)			159.75	145.66	132.72	130.90
		利　润　(元)			80.60	73.50	66.97	66.05
		一　般　风　险　费　(元)			6.46	5.89	5.36	5.29
	编码	名　　称	单位	单价(元)	消　　耗　　量			
人工	000300160	金属制安综合工	工日	120.00	2.915	2.624	2.362	2.275
材料	334300500	圆管柱	t	8308.00	1.000	1.000	1.000	1.000
	032130010	铁件 综合	kg	3.68	10.588	7.344	3.570	2.550
	130302600	环氧富锌漆	kg	21.37	1.410	1.410	1.410	1.410
	031360110	焊丝 φ3.2	kg	4.79	5.650	5.650	5.650	5.650
	010500060	钢丝绳 φ12	kg	6.69	3.690	3.690	3.690	3.690
	031350820	低合金钢焊条 E43 系列	kg	5.98	3.000	3.000	3.000	3.000
	016301210	吊装夹具	套	123.93	0.020	0.020	0.020	0.250
	050303200	垫木	m³	854.70	0.011	0.011	0.011	0.011
	143900300	二氧化碳	m³	4.38	2.430	2.090	1.870	2.200
	143506800	稀释剂	kg	7.69	0.085	0.085	0.085	0.085
	002000020	其他材料费	元	—	42.35	42.28	42.21	42.34
机械	990304036	汽车式起重机 40t	台班	1456.19	0.026	0.026	0.026	0.026
	990901020	交流弧焊机 32kV·A	台班	85.07	0.187	0.180	0.170	0.190
	990913020	二氧化碳气体保护焊机 500A	台班	128.14	0.209	0.190	0.170	0.200

工作内容:放线、卸料、检验、划线、构件拼装、加固、翻身就位、绑扎吊装、校正、焊接、固定、补漆、清理等。　　　　　　计量单位:t

定　额　编　号					MB0074	MB0075	MB0076	MB0077
项　目　名　称					其他型式钢柱			
					质量(t)			
					≤3	≤5	≤15	≤25
综　合　单　价　(元)					8252.74	8121.18	8060.86	8145.62
费用	其中	人　工　费　(元)			381.96	309.96	284.52	334.32
		材　料　费　(元)			7524.98	7511.48	7496.56	7494.23
		施工机具使用费　(元)			80.55	77.52	74.11	79.65
		企业管理费　(元)			171.68	143.83	133.12	153.67
		利　润　(元)			86.63	72.58	67.17	77.54
		一　般　风　险　费　(元)			6.94	5.81	5.38	6.21
	编码	名　　称	单位	单价(元)	消　　耗　　量			
人工	000300160	金属制安综合工	工日	120.00	3.183	2.583	2.371	2.786
材料	334300600	其它钢柱	t	7321.44	1.000	1.000	1.000	1.000
	032130010	铁件 综合	kg	3.68	10.588	7.344	3.570	2.550
	130302600	环氧富锌漆	kg	21.37	1.410	1.410	1.410	1.410
	010500060	钢丝绳 φ12	kg	6.69	3.690	3.690	3.690	3.690
	016301210	吊装夹具	套	123.93	0.020	0.020	0.020	0.020
	031350820	低合金钢焊条 E43 系列	kg	5.98	3.500	3.500	3.500	3.500
	031360110	焊丝 φ3.2	kg	4.79	5.890	5.890	5.890	5.890
	050303200	垫木	m³	854.70	0.011	0.011	0.011	0.011
	143506800	稀释剂	kg	7.69	0.085	0.085	0.085	0.085
	143900300	二氧化碳	m³	4.38	2.430	2.090	1.870	2.200
	002000020	其他材料费	元	—	37.44	37.37	37.30	37.28
机械	990304036	汽车式起重机 40t	台班	1456.19	0.026	0.026	0.026	0.026
	990901020	交流弧焊机 32kV·A	台班	85.07	0.187	0.180	0.170	0.190
	990913020	二氧化碳气体保护焊机 500A	台班	128.14	0.209	0.190	0.170	0.200

工作内容:放线、卸料、检验、划线、构件拼装、加固、翻身就位、绑扎吊装、校正、焊接、固定、补漆、清理等。　　　计量单位:t

定 额 编 号					MB0078	MB0079	MB0080	MB0081
项 目 名 称					H 型钢梁			
					质量(t)			
					≤0.5	≤1.5	≤3	≤5
综 合 单 价 (元)					**7349.01**	**7295.89**	**7227.43**	**7159.56**
费用	其中	人 工 费 (元)			315.48	286.80	251.88	212.88
		材 料 费 (元)			6721.28	6717.30	6711.83	6707.34
		施工机具使用费 (元)			83.46	80.91	75.80	74.52
		企 业 管 理 费 (元)			148.09	136.49	121.63	106.68
		利 润 (元)			74.72	68.87	61.37	53.83
		一 般 风 险 费 (元)			5.98	5.52	4.92	4.31
	编码	名 称	单位	单价(元)	消 耗 量			
人工	000300160	金属制安综合工	工日	120.00	2.629	2.390	2.099	1.774
材料	334300700	H 型钢梁	t	6549.20	1.000	1.000	1.000	1.000
	130302600	环氧富锌漆	kg	21.37	1.410	1.410	1.410	1.410
	032130010	铁件 综合	kg	3.68	7.344	6.936	6.528	5.712
	010500060	钢丝绳 φ12	kg	6.69	3.280	3.280	3.280	3.280
	031350820	低合金钢焊条 E43 系列	kg	5.98	3.708	3.296	2.884	2.884
	031360110	焊丝 φ3.2	kg	4.79	3.296	3.296	3.090	2.884
	016301210	吊装夹具	套	123.93	0.020	0.020	0.020	0.020
	050303200	垫木	m³	854.70	0.012	0.012	0.012	0.012
	143900300	二氧化碳	m³	4.38	1.870	1.870	1.760	1.650
	143506800	稀释剂	kg	7.69	0.085	0.085	0.085	0.085
	002000020	其他材料费	元	—	33.44	33.42	33.39	33.37
机械	990304036	汽车式起重机 40t	台班	1456.19	0.026	0.026	0.026	0.026
	990901020	交流弧焊机 32kV·A	台班	85.07	0.280	0.250	0.220	0.220
	990913020	二氧化碳气体保护焊机 500A	台班	128.14	0.170	0.170	0.150	0.140

工作内容:放线、卸料、检验、划线、构件拼装、加固、翻身就位、绑扎吊装、校正、焊接、固定、补漆、清理等。　　　计量单位:t

定 额 编 号					MB0082	MB0083	MB0084	MB0085
项 目 名 称					箱型梁			
					质量(t)			
					≤0.5	≤1.5	≤3	≤5
综 合 单 价 (元)					**7919.46**	**7840.57**	**7725.13**	**7660.45**
费用	其中	人 工 费 (元)			450.60	409.68	359.76	304.08
		材 料 费 (元)			7024.11	7013.64	6984.78	7009.74
		施工机具使用费 (元)			118.41	115.86	110.75	109.46
		企 业 管 理 费 (元)			211.22	195.08	174.65	153.51
		利 润 (元)			106.58	98.43	88.13	77.46
		一 般 风 险 费 (元)			8.54	7.88	7.06	6.20
	编码	名 称	单位	单价(元)	消 耗 量			
人工	000300160	金属制安综合工	工日	120.00	3.755	3.414	2.998	2.534
材料	330104050	箱型梁	t	6843.50	1.000	1.000	1.000	1.000
	130302600	环氧富锌漆	kg	21.37	1.410	1.410	1.410	1.410
	031350820	低合金钢焊条 E43 系列	kg	5.98	5.000	4.200	1.854	4.200
	032130010	铁件 综合	kg	3.68	7.344	7.344	3.672	5.304
	010500060	钢丝绳 φ12	kg	6.69	3.280	3.280	3.280	3.895
	031360110	焊丝 φ3.2	kg	4.79	3.028	1.854	1.627	1.854
	143900300	二氧化碳	m³	4.38	2.002	2.000	1.980	1.890
	016301210	吊装夹具	套	123.93	0.020	0.020	0.020	0.020
	050303200	垫木	m³	854.70	0.012	0.012	0.012	0.012
	143506800	稀释剂	kg	7.69	0.085	0.085	0.085	0.085
	002000020	其他材料费	元	—	34.95	34.89	34.75	34.87
机械	990304036	汽车式起重机 40t	台班	1456.19	0.050	0.050	0.050	0.050
	990901020	交流弧焊机 32kV·A	台班	85.07	0.280	0.250	0.220	0.220
	990913020	二氧化碳气体保护焊机 500A	台班	128.14	0.170	0.170	0.150	0.140

B.1.3.3 钢支撑

工作内容:放线、卸料、检验、划线、构件拼装、加固、翻身就位、绑扎吊装、校正、焊接、固定、补漆、清理等。　　　　　　　　　　　　　计量单位:t

	定　额　编　号				MB0086	MB0087	MB0088	MB0089
	项　目　名　称				钢支撑			
					质量(t)			
					≤1.5	≤3	≤5	≤8
	综　合　单　价　(元)				**7533.22**	**7504.27**	**7425.24**	**7422.61**
费用	其中	人　工　费　(元)			347.76	347.76	312.96	297.36
		材　料　费　(元)			6844.60	6825.70	6810.16	6817.30
		施工机具使用费　(元)			89.88	83.49	77.94	87.33
		企 业 管 理 费　(元)			162.45	160.08	145.10	142.80
		利　　　　润　(元)			81.97	80.77	73.22	72.05
		一 般 风 险 费　(元)			6.56	6.47	5.86	5.77
	编码	名　　称	单位	单价(元)	消　　　耗　　　量			
人工	000300160	金属制安综合工	工日	120.00	2.898	2.898	2.608	2.478
材料	330101902	钢支撑	t	6638.00	1.000	1.000	1.000	1.000
	032130010	铁件 综合	kg	3.68	10.588	7.344	5.610	3.876
	010500060	钢丝绳 φ12	kg	6.69	4.920	4.920	4.920	4.920
	130302600	环氧富锌漆	kg	21.37	1.410	1.410	1.410	1.410
	031360110	焊丝 φ3.2	kg	4.79	4.944	4.326	3.605	4.944
	031350820	低合金钢焊条 E43 系列	kg	5.98	3.296	2.884	2.266	2.884
	143900300	二氧化碳	m³	4.38	2.750	2.420	1.980	2.750
	050303200	垫木	m³	854.70	0.014	0.014	0.014	0.014
	016301210	吊装夹具	套	123.93	0.020	0.020	0.020	0.020
	143506800	稀释剂	kg	7.69	0.085	0.085	0.085	0.085
	002000020	其他材料费	元	—	34.05	33.96	33.88	33.92
机械	990304036	汽车式起重机 40t	台班	1456.19	0.026	0.026	0.026	0.026
	990901020	交流弧焊机 32kV·A	台班	85.07	0.250	0.220	0.200	0.220
	990913020	二氧化碳气体保护焊机 500A	台班	128.14	0.240	0.210	0.180	0.240

B.1.3.4 踏步式钢楼梯

工作内容:场内运输、选料、放线、配板、切割、拼装、安装。　　　　　　　　　　　　　计量单位:t

	定　额　编　号			MB0090
	项　目　名　称			踏步式钢楼梯
	综　合　单　价　(元)			**8216.01**
费用	其中	人　工　费　(元)		640.56
		材　料　费　(元)		7056.26
		施 工 机 具 使 用 费　(元)		96.49
		企 业 管 理 费　(元)		273.59
		利　　　　润　(元)		138.05
		一 般 风 险 费　(元)		11.06
	编码	名　　称	单位	单价(元)	消　耗　量
人工	000300160	金属制安综合工	工日	120.00	5.338
材料	334300800	钢楼梯(踏步式)	t	6836.20	1.000
	130302600	环氧富锌漆	kg	21.37	2.820
	032130010	铁件 综合	kg	3.68	7.344
	010500060	钢丝绳 φ12	kg	6.69	3.280
	031350820	低合金钢焊条 E43 系列	kg	5.98	3.811
	031360110	焊丝 φ3.2	kg	4.79	3.708
	016301210	吊装夹具	套	123.93	0.020
	050303200	垫木	m³	854.70	0.026
	143900300	二氧化碳	m³	4.38	2.090
	143506800	稀释剂	kg	7.69	0.170
	002000020	其他材料费	元	—	35.11
机械	990304036	汽车式起重机 40t	台班	1456.19	0.026
	990901020	交流弧焊机 32kV·A	台班	85.07	0.275
	990913020	二氧化碳气体保护焊机 500A	台班	128.14	0.275

B.2 围护体系安装

B.2.1 钢楼层板

工作内容:场内运输、选料、放线、配板、切割、拼装、安装。 计量单位:100m²

定 额 编 号					MB0091	MB0092
项 目 名 称					自承式楼层板	压型钢板楼层板
综 合 单 价 (元)					**12749.18**	**10328.12**
费用	其中	人 工 费 (元)			1989.24	1680.00
		材 料 费 (元)			9285.23	7350.76
		施 工 机 具 使 用 费 (元)			212.19	212.19
		企 业 管 理 费 (元)			817.17	702.38
		利 润 (元)			412.33	354.41
		一 般 风 险 费 (元)			33.02	28.38
	编码	名 称	单位	单价(元)	消 耗 量	
人工	000300160	金属制安综合工	工日	120.00	16.577	14.000
材料	012904292	自承式楼层板 0.6	m²	67.18	106.000	—
	012903500	压型钢楼板 0.9mm	m²	49.53	—	106.000
	012901150	热轧薄钢板 3.0	m²	84.62	20.670	20.670
	130500701	红丹防锈漆	kg	12.39	11.700	11.700
	143901010	乙炔气	m³	14.31	1.482	1.482
	010900011	圆钢 综合	kg	3.79	2.000	2.000
	031350820	低合金钢焊条 E43 系列	kg	5.98	0.578	0.578
	050303200	垫木	m³	854.70	0.050	0.020
	140500800	油漆溶剂油	kg	3.04	1.365	1.365
	143900700	氧气	m³	3.26	2.730	2.730
	002000020	其他材料费	元	—	182.06	144.13
机械	990901020	交流弧焊机 32kV·A	台班	85.07	1.046	1.046
	990732050	剪板机 厚度 40×宽度 3100	台班	601.00	0.205	0.205

B.2.2 墙面板

工作内容:1.放料、下料、切割断料。
2.开门窗洞口,周边塞口,清扫。
3.弹线、安装。

计量单位:100m²

定　额　编　号				MB0093	MB0094	MB0095
项　目　名　称				墙面板		
				彩钢夹芯板	采光板	压型钢板
综　合　单　价　（元）				**21459.75**	**12953.32**	**11262.44**
费用	其中	人　工　费　（元）		2502.00	2280.00	2241.60
		材　料　费　（元）		17370.44	9213.33	7582.88
		施工机具使用费　（元）		96.86	96.86	96.86
		企　业　管　理　费　（元）		964.70	882.29	868.03
		利　　润　（元）		486.77	445.19	437.99
		一　般　风　险　费　（元）		38.98	35.65	35.08
	编码	名　称	单位	单价（元）	消　耗　量	
人工	000300160	金属制安综合工	工日	120.00	20.850	19.000	18.680
材料	092500200	彩钢夹芯板 75	m²	90.00	106.000	—	—
	091100650	聚酯采光板 δ1.2	m²	54.00	—	106.000	—
	012903510	压型钢板 0.5mm	m²	38.92	—	—	106.000
	014900900	工字铝 综合	m	23.93	167.900	—	—
	012904255	彩钢板 0.5	m²	36.14	30.000	20.000	20.000
	014900840	地槽铝 75	m	23.93	14.500	—	—
	020301130	橡皮密封条 20×4	m	7.03	173.300	173.300	173.300
	014900010	角铝 25.4×1	m	3.23	26.500	—	—
	014900700	槽铝 75	m	7.65	34.400	—	—
	133500310	防水密封胶	支	8.45	40.000	40.000	40.000
	030100570	铝拉铆钉 M5×40	百个	8.55	10.700	3.500	3.500
	030101391	自攻螺钉 M6×20	个	0.07	—	650.000	650.000
	030125930	膨胀螺栓 M10	套	0.94	40.000	—	—
	031391410	合金钢钻头 φ6～13	个	11.11	0.600	0.600	0.600
	032130010	铁件 综合	kg	3.68	—	5.000	5.000
	050303200	垫木	m³	854.70	—	0.020	0.020
	091100750	彩钢密封圈	只	3.80	—	240.000	240.000
	002000020	其他材料费	元	—	340.60	180.65	148.68
机械	990304020	汽车式起重机 20t	台班	968.56	0.100	0.100	0.100

工作内容: 1.放线、卸料、检验、划线、构件加固、构件拼装、翻身就位、绑扎吊装、校正、焊接、龙骨固定、补漆、清理等。
2.清理基层、保温岩棉铺设、双面胶纸固定。
3.墙面开孔、上料、搅拌、泵送、灌浆、敲击振捣、灌浆口抹平清理。

	定 额 编 号				MB0096	MB0097	MB0098
	项 目 名 称				硅酸钙板灌浆墙面板		
					双面隔墙	保温岩棉铺设	EPS砼浇灌
	单 位				100m²	10m³	
费用	综 合 单 价 (元)				**27750.01**	**12530.82**	**8188.48**
	其中	人 工 费 (元)			6227.52	3197.76	1640.16
		材 料 费 (元)			15227.01	7499.14	4616.87
		施 工 机 具 使 用 费 (元)			1731.17	—	629.69
		企 业 管 理 费 (元)			2954.27	1187.01	842.57
		利 润 (元)			1490.66	598.94	425.14
		一 般 风 险 费 (元)			119.38	47.97	34.05
	编码	名 称	单位	单价(元)	消	耗	量
人工	000300160	金属制安综合工	工日	120.00	51.896	26.648	13.668
材料	091900100	硅酸钙板 8mm	m²	17.90	106.000	—	—
	091900110	硅酸钙板 δ10	m²	20.09	106.000	—	—
	020301120	橡胶密封条	m	2.97	173.300	—	—
	100100810	镀锌钢龙骨	kg	5.80	1500.000	—	—
	020900400	聚乙烯薄膜	m²	0.85	—	42.000	—
	150300010	岩棉板	m³	650.00	—	10.400	—
	021101600	EPS聚苯板	m³	430.00	—	—	10.500
	030101391	自攻螺钉 M6×20	个	0.07	650.000	—	—
	030104601	六角螺栓 M6×35	百个	18.90	0.200	—	—
	031350820	低合金钢焊条 E43 系列	kg	5.98	81.750	—	—
	092501630	连接件 PD25	个	2.50	150.000	—	—
	031395210	合金钢钻头 φ10	个	7.26	0.600	—	—
	050303200	垫木	m³	854.70	0.020	—	—
	030100570	铝拉铆钉 M5×40	百个	8.55	3.500	—	—
	143900700	氧气	m³	3.26	9.000	—	—
	143901010	乙炔气	m³	14.31	3.900	—	—
	144101210	玻璃胶	支	21.97	29.000	—	—
	144300290	双面胶条	m	2.14	—	260.000	—
	341100400	电	kW·h	0.70	—	—	16.200
	002000020	其他材料费	元	—	298.57	147.04	90.53
机械	990601030	涡桨式混凝土搅拌机 500L	台班	310.96	—	—	2.025
	990901020	交流弧焊机 32kV·A	台班	85.07	20.350	—	—

工作内容:1.选料、抹砂浆、贴砌块、擦缝。
2.放线、卸料、检验、划线、构件加固、翻身就位、绑扎吊装、校正、焊接、固定、补漆、清理等。　　　　　计量单位:100m²

定 额 编 号					MB0099	MB0100
项 目 名 称					硅酸钙板包柱、包梁	蒸压砂加气保温块贴面
综 合 单 价 (元)					**14014.81**	**9055.08**
费用	其中	人 工 费 (元)			5246.40	3892.08
		材 料 费 (元)			5678.87	2930.89
		施 工 机 具 使 用 费 (元)			51.30	—
		企 业 管 理 费 (元)			1966.51	1444.74
		利 润 (元)			992.26	728.99
		一 般 风 险 费 (元)			79.47	58.38
	编码	名 称	单位	单价(元)	消 耗 量	
人工	000300160	金属制安综合工	工日	120.00	43.720	32.434
材料	100100810	镀锌钢龙骨	kg	5.80	300.000	—
	041500420	蒸压砂加气混凝土(AAC)保温块	m³	226.50	—	5.830
	092501640	连接件 PD80	个	5.50	80.000	—
	144101210	玻璃胶	支	21.97	29.000	29.000
	020301120	橡胶密封条	m	2.97	173.300	173.300
	031350820	低合金钢焊条 E43 系列	kg	5.98	10.900	—
	030101391	自攻螺钉 M6×20	个	0.07	650.000	650.000
	030100570	铝拉铆钉 M5×40	百个	8.55	3.500	3.500
	050303200	垫木	m³	854.70	0.020	—
	030104601	六角螺栓 M6×35	百个	18.90	0.200	0.200
	091900100	硅酸钙板 8mm	m²	17.90	115.000	—
	092501630	连接件 PD25	个	2.50	—	150.000
	031395210	合金钢钻头 φ10	个	7.26	0.600	0.600
	143900700	氧气	m³	3.26	1.200	—
	143901010	乙炔气	m³	14.31	0.520	—
	002000020	其他材料费	元	—	111.35	
机械	990901020	交流弧焊机 32kV·A	台班	85.07	0.603	—

B.2.3 屋面板

工作内容:1.放料、下料、切割断料。
2.周边塞口,清扫。
3.弹线、安装。

计量单位:100m²

定 额 编 号					MB0101	MB0102
项 目 名 称					屋面板	
					彩钢夹芯板	采光板
综 合 单 价 (元)					14856.33	13406.36
费用	其中	人 工 费 (元)			1476.00	2072.76
		材 料 费 (元)			12381.44	9992.47
		施 工 机 具 使 用 费 (元)			96.86	96.86
		企 业 管 理 费 (元)			583.84	805.36
		利 润 (元)			294.60	406.37
		一 般 风 险 费 (元)			23.59	32.54
	编码	名 称	单位	单价(元)	消 耗 量	
人工	000300160	金属制安综合工	工日	120.00	12.300	17.273
材料	092500200	彩钢夹芯板75	m²	90.00	106.000	—
	091100650	聚酯采光板 δ1.2	m²	54.00	—	106.000
	091100750	彩钢密封圈	只	3.80	—	240.000
	020301130	橡皮密封条 20×4	m	7.03	173.300	173.300
	012904255	彩钢板 0.5	m²	36.14	8.000	6.000
	133500310	防水密封胶	支	8.45	60.000	60.000
	014900700	槽铝75	m	7.65	49.000	—
	014900010	角铝 25.4×1	m	3.23	26.500	—
	030100570	铝拉铆钉 M5×40	百个	8.55	13.700	6.500
	030101391	自攻螺钉 M6×20	个	0.07	—	9.500
	031391410	合金钢钻头 φ6~13	个	11.11	0.600	0.600
	032130010	铁件 综合	kg	3.68	—	5.000
	050303200	垫木	m³	854.70	—	0.020
	183105050	金属堵头	只	4.00	—	280.000
	002000020	其他材料费	元	—	242.77	195.93
机械	990304020	汽车式起重机 20t	台班	968.56	0.100	0.100

工作内容：1.放料、下料、切割断料。
　　　　　2.周边塞口、清扫。
　　　　　3.弹线、安装。

计量单位：100m²

定 额 编 号					MB0103
项 目 名 称					压型钢板屋面板
综 合 单 价 （元）					**10967.50**
费用	其中	人 工 费 （元）			1960.56
		材 料 费 （元）			7125.71
		施 工 机 具 使 用 费 （元）			481.00
		企 业 管 理 费 （元）			906.31
		利 润 （元）			457.30
		一 般 风 险 费 （元）			36.62
	编码	名 称	单位	单价（元）	消 耗 量
人工	000300160	金属制安综合工	工日	120.00	16.338
材料	091100430	压型屋面板	m²	55.73	110.000
	012904255	彩钢板 0.5	m²	36.14	6.000
	133502000	密封膏	kg	13.68	10.000
	031350010	低碳钢焊条 综合	kg	4.19	7.480
	002000010	其他材料费	元	—	610.43
机械	990304020	汽车式起重机 20t	台班	968.56	0.400
	990901020	交流弧焊机 32kV·A	台班	85.07	1.100

工作内容：放样、划线、裁料、平整、拼装、焊接、成品矫正。

计量单位：10m²

定 额 编 号					MB0104	MB0105
项 目 名 称					屋脊盖板	
					钢板	彩钢板
					安装	
综 合 单 价 （元）					**3822.21**	**1473.97**
费用	其中	人 工 费 （元）			898.20	314.76
		材 料 费 （元）			2065.61	912.50
		施 工 机 具 使 用 费 （元）			218.16	42.07
		企 业 管 理 费 （元）			414.39	132.46
		利 润 （元）			209.10	66.83
		一 般 风 险 费 （元）			16.75	5.35
	编码	名 称	单位	单价（元）	消 耗 量	
人工	000300160	金属制安综合工	工日	120.00	7.485	2.623
材料	012901380	中厚钢板 4	m²	100.64	19.080	—
	012904260	彩钢板 0.8	m²	42.65	—	19.080
	021301220	密封带 3×20	m	0.49	22.000	22.000
	030100570	铝拉铆钉 M5×40	百个	8.55	1.760	1.760
	030101391	自攻螺钉 M6×20	个	0.07	88.000	88.000
	144104310	密封胶	支	4.60	0.400	0.400
	002000010	其他材料费	元	—	111.57	64.91
机械	990901020	交流弧焊机 32kV·A	台班	85.07	2.070	—
	990732050	剪板机 厚度40×宽度3100	台班	601.00	0.070	0.070

工作内容：放样、划线、裁料、平整、拼装、焊接、成品校正。

	定 额 编 号				MB0106	MB0107	MB0108
	项 目 名 称				天沟		
					钢板	不锈钢	彩钢板
	单 位				t	10m	
	综 合 单 价 （元）				7671.57	1602.05	941.66
费用其中		人 工 费 （元）			1711.44	229.20	237.60
		材 料 费 （元）			4529.29	1135.27	501.60
		施 工 机 具 使 用 费 （元）			285.56	67.45	42.07
		企 业 管 理 费 （元）			741.29	110.12	103.81
		利 润 （元）			374.04	55.56	52.38
		一 般 风 险 费 （元）			29.95	4.45	4.20
	编码	名 称	单位	单价（元）	消	耗	量
人工	000300160	金属制安综合工	工日	120.00	14.262	1.910	1.980
材料	012900078	钢板 δ3～10	t	3915.00	1.060	—	—
	012902670	不锈钢板 1	m²	125.12	—	7.200	—
	012904260	彩钢板 0.8	m²	42.65	—	—	7.200
	014900700	槽铝 75	m	7.65	—	—	16.300
	030101383	自攻螺钉	百个	5.98	—	—	1.390
	031350820	低合金钢焊条 E43 系列	kg	5.98	20.000	—	—
	031360710	不锈钢焊丝	kg	48.63	—	3.300	—
	050303200	垫木	m³	854.70	0.020	—	—
	130500701	红丹防锈漆	kg	12.39	6.780	—	—
	140500800	油漆溶剂油	kg	3.04	0.700	—	—
	143900700	氧气	m³	3.26	6.000	—	—
	143901010	乙炔气	m³	14.31	2.600	—	—
	144101210	玻璃胶	支	21.97	0.500	2.000	2.000
	183105000	彩钢堵头	个	1.84	—	4.200	4.200
	002000020	其他材料费	元	—	88.81	22.26	9.84
机械	990304020	汽车式起重机 20t	台班	968.56	0.220	—	—
	990901020	交流弧焊机 32kV·A	台班	85.07	0.640	—	—
	990912010	氩弧焊机 500A	台班	93.99	—	0.270	—
	990732050	剪板机 厚度40×宽度3100	台班	601.00	0.030	0.070	0.070

B.3 其他项目

B.3.1 液化气预热、后热与整体热处理

工作内容：预热器具设置、加热、后热、保温、回收材料。　　　　　　　　　　　　　　　计量单位：m

定额编号					MB0109	MB0110	MB0111	MB0112	MB0113
项目名称					钢板厚度（mm）以内				
					40	60	80	100	120
综合单价（元）					**619.63**	**842.14**	**1064.61**	**1486.64**	**1639.07**
费用	其中	人工费（元）			167.16	199.32	225.00	251.52	281.28
		材料费（元）			292.84	433.53	589.68	931.46	1005.19
		施工机具使用费（元）			40.52	60.36	76.83	101.31	121.57
		企业管理费（元）			77.09	96.39	112.04	130.97	149.54
		利润（元）			38.90	48.64	56.53	66.09	75.45
		一般风险费（元）			3.12	3.90	4.53	5.29	6.04
	编码	名称	单位	单价（元）	消	耗		量	
人工	000300160	金属制安综合工	工日	120.00	1.393	1.661	1.875	2.096	2.344
材料	143900900	液化石油气	kg	2.63	100.800	152.438	209.944	279.720	363.200
	172701200	橡胶管 综合	m	7.00	2.400	2.600	2.800	3.000	3.200
	240900200	测温笔	支	3.25	1.600	1.820	1.960	2.100	2.420
	002000020	其他材料费	元	—	5.74	8.50	11.56	167.97	19.71
机械	990401025	载重汽车 6t	台班	422.13	0.096	0.143	0.182	0.240	0.288

B.3.2 金属面防火涂料

工作内容：清理基层、喷刷防火涂料等。　　　　　　　　　　　　　　　　　　　　　　　计量单位：10m²

定额编号					MB0114	MB0115
项目名称					耐火极限0.5h以内	
					超薄型防火涂料	薄型防火涂料
综合单价（元）					**200.81**	**270.81**
费用	其中	人工费（元）			57.63	65.88
		材料费（元）			101.39	158.40
		施工机具使用费（元）			5.56	5.56
		企业管理费（元）			23.45	26.52
		利润（元）			11.83	13.38
		一般风险费（元）			0.95	1.07
	编码	名称	单位	单价（元）	消 耗	量
人工	000300140	油漆综合工	工日	125.00	0.461	0.527
材料	130504260	超薄型防火涂料	kg	11.15	8.250	—
	130504240	薄型防火涂料	kg	9.60	—	16.500
	143502000	防火涂料稀释剂	kg	9.40	1.000	—
机械	002000040	其他机械费	元	—	5.56	5.56

工作内容:清理基层、喷刷防火涂料等。

计量单位:10m²

定 额 编 号					MB0116	MB0117
项 目 名 称					耐火极限1h以内	
					超薄型防火涂料	薄型防火涂料
综 合 单 价 (元)					258.36	430.96
费 用	其 中	人 工 费 (元)			72.13	82.38
		材 料 费 (元)			133.93	290.40
		施 工 机 具 使 用 费 (元)			6.95	6.95
		企 业 管 理 费 (元)			29.35	33.16
		利 润 (元)			14.81	16.73
		一 般 风 险 费 (元)			1.19	1.34
	编码	名 称	单位	单价(元)	消 耗 量	
人工	000300140	油漆综合工	工日	125.00	0.577	0.659
材 料	130504260	超薄型防火涂料	kg	11.15	11.000	—
	130504240	薄型防火涂料	kg	9.60	—	30.250
	143502000	防火涂料稀释剂	kg	9.40	1.200	—
机械	002000040	其他机械费	元	—	6.95	6.95

工作内容:清理基层、喷刷防火涂料等。

计量单位:10m²

定 额 编 号					MB0118	MB0119
项 目 名 称					耐火极限1.5h以内	
					超薄型防火涂料	薄型防火涂料
综 合 单 价 (元)					315.72	538.32
费 用	其 中	人 工 费 (元)			86.50	98.88
		材 料 费 (元)			166.47	369.60
		施 工 机 具 使 用 费 (元)			8.35	8.35
		企 业 管 理 费 (元)			35.21	39.80
		利 润 (元)			17.77	20.08
		一 般 风 险 费 (元)			1.42	1.61
	编码	名 称	单位	单价(元)	消 耗 量	
人工	000300140	油漆综合工	工日	125.00	0.692	0.791
材 料	130504260	超薄型防火涂料	kg	11.15	13.750	—
	130504240	薄型防火涂料	kg	9.60	—	38.500
	143502000	防火涂料稀释剂	kg	9.40	1.400	—
机械	002000040	其他机械费	元	—	8.35	8.35

工作内容:清理基层、喷刷防火涂料等。

计量单位:10m²

定　额　编　号					MB0120	MB0121	MB0122
项　目　名　称					耐火极限 2h 以内		
					超薄型防火涂料	薄型防火涂料	厚型防火涂料
综　合　单　价　(元)					**359.88**	**642.24**	**850.63**
费用	其中	人　工　费　(元)			104.13	118.63	103.00
		材　料　费　(元)			184.38	443.92	676.90
		施工机具使用费　(元)			7.41	7.41	7.41
		企　业　管　理　费　(元)			41.40	46.78	40.98
		利　　　润　(元)			20.89	23.61	20.68
		一　般　风　险　费　(元)			1.67	1.89	1.66
	编码	名　　　称	单位	单价(元)	消	耗	量
人工	000300140	油漆综合工	工日	125.00	0.833	0.949	0.824
材	130504260	超薄型防火涂料	kg	11.15	16.500	—	—
	130504240	薄型防火涂料	kg	9.60	—	46.200	—
料	130504250	厚型防火涂料	kg	6.15	—	—	110.000
	002000010	其他材料费	元	—	0.40	0.40	0.40
机械	002000040	其他机械费	元	—	7.41	7.41	7.41

工作内容:清理基层、喷刷防火涂料等。

计量单位:10m²

定　额　编　号					MB0123	MB0124
项　目　名　称					厚型防火涂料	
					耐火极限 2.5h 以内	耐火极限 3h 以内
综　合　单　价　(元)					**1022.81**	**1227.45**
费用	其中	人　工　费　(元)			103.00	123.63
		材　料　费　(元)			846.16	1015.41
		施工机具使用费　(元)			9.27	11.13
		企　业　管　理　费　(元)			41.67	50.02
		利　　　润　(元)			21.03	25.24
		一　般　风　险　费　(元)			1.68	2.02
	编码	名　　　称	单位	单价(元)	消	耗　量
人工	000300140	油漆综合工	工日	125.00	0.824	0.989
材料	130504250	厚型防火涂料	kg	6.15	137.500	165.000
	002000010	其他材料费	元	—	0.53	0.66
机械	002000040	其他机械费	元	—	9.27	11.13

B.3.3 预埋铁件、螺栓、栓钉、花篮螺栓

工作内容:1.预埋铁件制作、定位、安装、水平运输等。
2.螺栓固定、水平运输、预埋、安装、固定等。

计量单位:t

定 额 编 号					MB0125	MB0126
项 目 名 称					预埋铁件制作安装	螺栓预埋
	综 合 单 价 (元)				**7029.73**	**8311.68**
费用	其中	人 工 费 (元)			1824.00	1824.00
		材 料 费 (元)			3528.78	4810.73
		施 工 机 具 使 用 费 (元)			400.95	400.95
		企 业 管 理 费 (元)			825.90	825.90
		利 润 (元)			416.73	416.73
		一 般 风 险 费 (元)			33.37	33.37
	编码	名 称	单位	单价(元)	消 耗 量	
人工	000300070	钢筋综合工	工日	120.00	15.200	15.200
材料	010000120	钢材	t	2957.26	1.070	—
	030125010	螺栓	kg	4.50	—	1020.000
	031350010	低碳钢焊条 综合	kg	4.19	36.000	52.680
	002000010	其他材料费	元	—	213.67	—
机械	990904040	直流弧焊机 32kV·A	台班	89.62	4.390	4.390
	990919010	电焊条烘干箱 450×350×450	台班	17.13	0.439	0.439

工作内容:栓钉(花篮螺栓)安装、划线、定位、清理场地、焊机固定等。

计量单位:10套

定 额 编 号					MB0127	MB0128
项 目 名 称					剪力栓钉	花篮螺栓
	综 合 单 价 (元)				**130.02**	**79.26**
费用	其中	人 工 费 (元)			30.00	21.00
		材 料 费 (元)			13.97	46.21
		施 工 机 具 使 用 费 (元)			43.75	—
		企 业 管 理 费 (元)			27.38	7.80
		利 润 (元)			13.81	3.93
		一 般 风 险 费 (元)			1.11	0.32
	编码	名 称	单位	单价(元)	消 耗 量	
人工	000300160	金属制安综合工	工日	120.00	0.250	0.175
材料	030100710	剪力栓钉	套	1.37	10.200	—
	030180930	花篮螺栓 M6×120	套	4.53	—	10.200
机械	990925010	栓钉焊机	台班	87.50	0.500	—

B.3.4 超声波探伤、磁粉探伤

工作内容:搬运设备、校验仪器及探头、检验部位清理除污、涂抹耦合剂、探伤、检验结果、记录鉴定、技术报告。

计量单位:10m

定 额 编 号					MB0129	MB0130	MB0131	MB0132
项 目 名 称					超声波探伤			
					板厚(mm)以内			
					25	45	80	120
综 合 单 价 (元)					254.92	352.48	498.65	702.78
费用 中	其	人 工 费 (元)			55.50	73.50	110.38	157.75
		材 料 费 (元)			61.46	79.43	112.47	151.04
		施工机具使用费 (元)			67.45	100.03	135.05	192.89
		企 业 管 理 费 (元)			45.64	64.42	91.10	130.16
		利 润 (元)			23.03	32.50	45.97	65.68
		一 般 风 险 费 (元)			1.84	2.60	3.68	5.26
	编码	名 称	单位	单价(元)	消 耗 量			
人工	000500020	设备综合工	工日	125.00	0.444	0.588	0.883	1.262
材料	143504600	耦合剂	kg	9.45	1.800	2.250	2.700	3.600
	022700020	棉纱头	kg	8.19	1.200	1.500	2.500	3.500
	031340210	铁砂布 0~2#	张	0.85	5.400	8.100	11.700	15.300
	300100100	斜探头	个	94.02	0.280	0.360	0.540	0.720
	284300500	探头线	根	25.64	0.015	0.015	0.015	0.015
	140700500	机油 综合	kg	4.70	0.270	0.360	0.490	0.675
	340900500	毛刷	把	2.05	1.000	1.500	1.500	2.000
机械	872128028	超声波探伤仪	台班	143.52	0.470	0.697	0.941	1.344

工作内容:搬运仪器、接地、探伤部位除锈打磨清理、配制磁悬液、磁化磁粉反应、缺陷处理、技术报告。

计量单位:10m

定 额 编 号					MB0133	MB0134
项 目 名 称					磁粉探伤	
					焊缝磁粉检测	焊缝荧光磁粉检测
综 合 单 价 (元)					233.90	202.65
费用 中	其	人 工 费 (元)			62.88	62.88
		材 料 费 (元)			120.03	88.78
		施工机具使用费 (元)			9.49	9.49
		企 业 管 理 费 (元)			26.86	26.86
		利 润 (元)			13.55	13.55
		一 般 风 险 费 (元)			1.09	1.09
	编码	名 称	单位	单价(元)	消 耗 量	
人工	000500020	设备综合工	工日	125.00	0.503	0.503
材料	140700010	变压器油	kg	14.10	3.338	3.338
	022700020	棉纱头	kg	8.19	3.029	3.029
	140300300	煤油	kg	3.76	3.330	3.330
	031310610	尼龙砂轮片 φ100	片	1.93	0.330	0.330
	142300200	磁粉	g	0.28	125.000	—
	142301600	荧光磁粉	g	0.03	—	125.000
机械	872128011	磁粉探伤仪	台班	55.49	0.171	0.171

C 装配式木结构工程

说 明

一、本定额所称的装配式木结构工程,指预制木构件通过可靠的连接方式装配而成的木结构,包括装配式轻型木结构和装配式框架木结构。

二、本定额所称的规格材指按设计几何尺寸加工的木构件。

三、预制木构件安装

1.地梁子目未包括底部防水卷材铺设,卷材铺设按《重庆市房屋建筑与装饰工程计价定额》相应规定及定额子目执行。

2.木构件安装定额子目已综合构件固定所需的临时支撑的搭设及拆除。支撑的种类、数量及搭设方式综合考虑,实际施工不同时,不作调整。

3.柱、梁安装定额子目不分截面形式,但分材质和截面积不同执行相应的定额子目。

4.墙体木骨架安装,按墙体厚度不同执行相应的定额子目,定额子目已包括木骨架边框和墙体龙骨安装等内容。

5.楼板格栅安装,按格栅跨度不同执行相应的定额子目,其中跨度5m以内按楼板格栅子目执行,5m以上按桁架格栅子目执行。

6.平撑、剪刀撑以及封头板已包括在格栅定额子目内,不另行计算。

7.地面格栅、平屋面格栅,按楼板格栅相应定额子目执行。

8.桁架安装不分直角形、人字形等形式,均执行桁架定额子目。

9.屋面板安装根据屋面形式不同,按两坡以内和两坡以上分别执行相应的定额子目。

10.墙体木骨架、楼板格栅、桁架格栅、楼梯、封檐板如设计用量与定额不同,除规格材用量可根据设计用量增加1%损耗进行调整外,其他不作调整。

四、围护体系安装

1.石膏板铺设定额子目按单层安装进行编制,设计为双层安装时,应分两层分别执行定额子目。

2.呼吸纸铺设定额子目已包括施工过程中产生的搭接、拼缝、压边等内容,不另行计算。

五、装配式木结构安装涉及的基础梁预埋锚栓、外墙保温、屋面防水涂料等内容,按《重庆市房屋建筑与装饰工程计价定额》相应规定及定额子目执行。

工程量计算规则

一、预制木构件安装

1.地梁安装,按设计图示尺寸体积以"m³"计算。

2.木柱、木梁安装,按设计图示尺寸体积以"m³"计算。

3.墙体木骨架及墙面板安装,按设计图示尺寸面积以"m²"计算,不扣除 0.3m² 以内孔洞所占的面积,但孔洞的加固板也不增加。其中:墙体木骨架安装应扣除结构柱所占的面积。

4.楼板格栅、桁架格栅及楼面板安装,按设计图示尺寸面积以"m²"计算,不扣除 0.3m² 以内孔洞所占的面积,但孔洞的加固板也不增加。其中:楼板格栅、桁架格栅安装应扣除结构梁所占的面积。

5.格栅挂件,按设计图示数量以"套"计算。

6.木楼梯安装,按设计图示尺寸水平投影面积以"m²"计算,不扣除宽度 500mm 以内的楼梯井,伸入墙内部分不单独计算,楼梯与平台相连时,以楼梯的最后一个踏步边缘加 300mm 为界。

7.屋面椽条和桁架安装,按设计图示尺寸体积以"m³"计算,如有斜边时按构件最长边乘以断面积以体积计算。

8.屋面板安装,按设计图示尺寸展开面积以"m²"计算。

9.封檐板安装,按设计图示尺寸檐口外围长度以"m"计算。

二、围护体系安装

1.石膏板、呼吸纸铺设,按设计图示尺寸面积以"m²"计算,不扣除 0.3m² 以内孔洞所占的面积。

2.岩棉铺设,按设计图示尺寸体积以"m³"计算。

C.1 预制木构件安装

C.1.1 地梁

工作内容:基层清理,构件就位、校正、垫实、固定。　　　　　　　　　　　　　　　　计量单位:10m³

定　额　编　号				MC0001
项　目　名　称				地梁
综　合　单　价　(元)				**41757.46**
费用	其中	人　工　费　(元)		14378.75
		材　料　费　(元)		21840.02
		施工机具使用费　(元)		—
		企业管理费　(元)		3465.28
		利　　润　(元)		1857.73
		一般风险费　(元)		215.68

	编码	名　　称	单位	单价(元)	消　耗　量
人工	000300050	木工综合工	工日	125.00	115.030
材料	050301720	防腐木	m³	2136.75	10.100
	030103550	圆柱头螺钉 M4×20	kg	5.13	16.670
	002000020	其他材料费	元	—	173.33

C.1.2 柱

工作内容:吊装、支撑就位、校正、垫实、固定。　　　　　　　　　　　　　　　　　　计量单位:10m³

定　额　编　号				MC0002	MC0003	MC0004	MC0005
项　目　名　称				规格材组合柱		胶合柱	
				截面积(m²)			
				≤0.1	≤0.2	≤0.1	≤0.2
综　合　单　价　(元)				**39652.07**	**40027.71**	**50219.09**	**53025.02**
费用	其中	人　工　费　(元)		3541.63	4250.00	4250.00	6375.00
		材　料　费　(元)		30812.49	30861.61	40398.27	40915.38
		施工机具使用费　(元)		2839.82	2367.16	2839.82	2367.16
		企业管理费　(元)		1537.93	1594.74	1708.65	2106.86
		利　　润　(元)		824.48	854.94	916.00	1129.49
		一般风险费　(元)		95.72	99.26	106.35	131.13

	编码	名　　称	单位	单价(元)	消　　耗　　量			
人工	000300050	木工综合工	工日	125.00	28.333	34.000	34.000	51.000
材料	053500410	规格材组合柱	m³	2991.45	10.100	10.100	—	—
	050501510	胶合柱	m³	3846.15	—	—	10.100	10.100
	292102500	连接件	kg	5.13	22.500	30.000	200.000	300.000
	030103550	圆柱头螺钉 M4×20	kg	5.13	6.500	8.500	—	—
	050303800	木材 锯材	m³	1581.00	0.130	0.130	0.130	0.130
	002000020	其他材料费	元	—	244.54	244.93	320.62	324.73
机械	990304020	汽车式起重机 20t	台班	968.56	2.932	2.444	2.932	2.444

C.1.3 梁

工作内容:吊装、支撑就位、校正、垫实、固定。

计量单位:10m³

定 额 编 号					MC0006	MC0007	MC0008	MC0009
项 目 名 称					规格材组合梁		胶合梁	
					截面积(m²)			
					≤0.1	≤0.2	≤0.1	≤0.2
综 合 单 价 (元)					**40604.82**	**40978.93**	**49797.65**	**52214.42**
费 用	其 中	人 工 费 (元)			4958.38	5666.63	6375.00	8500.00
		材 料 费 (元)			28163.25	28212.37	35393.79	35523.07
		施 工 机 具 使 用 费 (元)			4023.40	3549.77	4023.40	3549.77
		企 业 管 理 费 (元)			2164.61	2221.15	2506.01	2904.00
		利 润 (元)			1160.45	1190.76	1343.47	1556.83
		一 般 风 险 费 (元)			134.73	138.25	155.98	180.75
	编码	名 称	单位	单价(元)	消 耗 量			
人工	000300050	木工综合工	工日	125.00	39.667	45.333	51.000	68.000
材料	053500420	规格材组合梁	m³	2735.04	10.100	10.100	—	—
	050501520	胶合梁	m³	3418.08	—	—	10.100	10.100
	292102500	连接件	kg	5.13	15.000	22.500	75.000	100.000
	050303800	木材 锯材	m³	1581.00	0.130	0.130	0.130	0.130
	030103550	圆柱头螺钉 M4×20	kg	5.13	6.500	8.500	—	—
	002000020	其他材料费	元	—	223.52	223.91	280.90	281.93
机械	990304020	汽车式起重机 20t	台班	968.56	4.154	3.665	4.154	3.665

C.1.4 墙

工作内容:吊装、支撑就位、校正、垫实、固定。

计量单位:10m²

定 额 编 号					MC0010	MC0011	MC0012	MC0013
项 目 名 称					墙体木骨架			墙面板铺装
					墙厚(mm)			
					≤120	≤180	≤240	
综 合 单 价 (元)					**744.00**	**839.83**	**1029.95**	**336.60**
费 用	其 中	人 工 费 (元)			266.63	300.00	400.00	127.50
		材 料 费 (元)			245.87	269.99	289.38	159.99
		施 工 机 具 使 用 费 (元)			92.98	111.38	134.63	—
		企 业 管 理 费 (元)			86.67	99.14	128.85	30.73
		利 润 (元)			46.46	53.15	69.07	16.47
		一 般 风 险 费 (元)			5.39	6.17	8.02	1.91
	编码	名 称	单位	单价(元)	消 耗 量			
人工	000300050	木工综合工	工日	125.00	2.133	2.400	3.200	1.020
材料	053500430	规格材木骨架	m³	2393.16	0.016	0.026	0.034	—
	050501410	规格墙面板	m²	15.38	—	—	—	10.300
	050303800	木材 锯材	m³	1581.00	0.130	0.130	0.130	—
	030103550	圆柱头螺钉 M4×20	kg	5.13	0.020	0.020	0.035	0.060
	002000020	其他材料费	元	—	1.95	2.14	2.30	1.27
机械	990304020	汽车式起重机 20t	台班	968.56	0.096	0.115	0.139	—

C.1.5 楼板

工作内容:1.格栅挂件安装。2.吊装、就位、校正、固定。 计量单位:10m²

定 额 编 号					MC0014	MC0015	MC0016	MC0017
项 目 名 称					楼板格栅			桁架格栅
					格栅跨度(m)			
					≤3	≤4	≤5	>5
综 合 单 价 (元)					**896.84**	**1000.50**	**1105.34**	**1165.80**
费用	其中	人 工 费 (元)			354.13	425.00	481.63	531.25
		材 料 费 (元)			108.46	126.03	152.42	149.50
		施工机具使用费 (元)			215.02	206.30	206.30	202.43
		企 业 管 理 费 (元)			137.16	152.14	165.79	176.82
		利 润 (元)			73.53	81.56	88.88	94.79
		一 般 风 险 费 (元)			8.54	9.47	10.32	11.01
	编码	名 称	单位	单价(元)	消 耗 量			
人工	000300050	木工综合工	工日	125.00	2.833	3.400	3.853	4.250
材料	093700650	规格材格栅	m³	2905.98	0.037	0.043	0.052	—
	093700655	规格材桁架格栅	m³	2905.98	—	—	—	0.051
	030103550	圆柱头螺钉 M4×20	kg	5.13	0.015	0.015	0.020	0.020
	002000020	其他材料费	元	—	0.86	1.00	1.21	1.19
机械	990304020	汽车式起重机 20t	台班	968.56	0.222	0.213	0.213	0.209

工作内容:1.格栅挂件安装。2.吊装、就位、校正、固定。

定 额 编 号					MC0018	MC0019
项 目 名 称					格栅挂件	楼面板铺装
单 位					10 套	10m²
综 合 单 价 (元)					**62.42**	**407.63**
费用	其中	人 工 费 (元)			35.38	141.63
		材 料 费 (元)			13.41	211.45
		施工机具使用费 (元)			—	—
		企 业 管 理 费 (元)			8.53	34.13
		利 润 (元)			4.57	18.30
		一 般 风 险 费 (元)			0.53	2.12
	编码	名 称	单位	单价(元)	消 耗 量	
人工	000300050	木工综合工	工日	125.00	0.283	1.133
材料	030440140	专用成品挂件	套	1.33	10.000	—
	050501420	规格楼面板	m²	14.68	—	10.100
	144107500	结构胶	kg	34.17	—	1.800
	002000020	其他材料费	元	—	0.11	1.68

C.1.6　楼梯

工作内容：吊装、就位、校正、固定。　　　　　　　　　　　　　　　　　　　　　　计量单位：10m²

定　额　编　号					MC0020
项　目　名　称					木楼梯
综　合　单　价　（元）					**4996.43**
费用 其中		人　工　费　（元）			708.38
		材　料　费　（元）			1542.52
		施工机具使用费　（元）			1785.06
		企　业　管　理　费　（元）			600.92
		利　　　润　（元）			322.15
		一　般　风　险　费　（元）			37.40
	编码	名　称	单位	单价（元）	消　耗　量
人工	000300050	木工综合工	工日	125.00	5.667
材 料	053500440	规格材楼梯	m³	2836.75	0.450
	050501430	规格楼梯板	m²	16.58	13.700
	030440140	专用成品挂件	套	1.33	20.000
	002000020	其他材料费	元	—	12.24
机械	990304020	汽车式起重机 20t	台班	968.56	1.843

C.1.7　屋面

工作内容：吊装、就位、校正、固定。

定　额　编　号					MC0021	MC0022	MC0023	MC0024
项　目　名　称					橡条	桁架	屋面板铺装	
							两坡以内	两坡以上
单　　　　位					10m³		10m²	
综　合　单　价　（元）					**48433.45**	**48945.51**	**414.35**	**495.57**
费用 其中		人　工　费　（元）			16291.63	12750.00	177.13	212.50
		材　料　费　（元）			24393.15	29612.51	168.99	201.21
		施工机具使用费　（元）			1063.48	1206.83	—	—
		企　业　管　理　费　（元）			4182.58	3363.60	42.69	51.21
		利　　　润　（元）			2242.28	1803.22	22.88	27.46
		一　般　风　险　费　（元）			260.33	209.35	2.66	3.19
	编码	名　称	单位	单价（元）	消　　耗　　　量			
人工	000300050	木工综合工	工日	125.00	130.333	102.000	1.417	1.700
材 料	053500460	规格材橡条	m³	2393.16	10.100	—	—	—
	053500470	规格材桁架	m³	2905.98	—	10.100	—	—
	050501440	规格屋面板	m²	15.95	—	—	10.500	12.500
	050303800	木材 锯材	m³	1581.00	0.010	0.010	—	—
	030103550	圆柱头螺钉 M4×20	kg	5.13	2.500	2.200	0.035	0.045
	002000020	其他材料费	元	—	193.60	235.02	1.34	1.60
机械	990304020	汽车式起重机 20t	台班	968.56	1.098	1.246	—	—

工作内容:吊装、就位、校正、固定。 计量单位:100m

定 额 编 号					MC0025	MC0026
项 目 名 称					封檐板	
					高度(cm)	
					≤20	≤30
综 合 单 价 (元)					2348.99	3213.49
费用	其中	人 工 费 (元)			620.25	708.00
		材 料 费 (元)			1489.82	2232.77
		施工机具使用费 (元)			—	—
		企 业 管 理 费 (元)			149.48	170.63
		利 润 (元)			80.14	91.47
		一 般 风 险 费 (元)			9.30	10.62
	编码	名 称	单位	单价(元)	消 耗 量	
人工	000300050	木工综合工	工日	125.00	4.962	5.664
材料	053500450	规格材封檐板	m³	2345.85	0.630	0.945
	030103550	圆柱头螺钉 M4×20	kg	5.13	1.163	1.554
	002000010	其他材料费	元	—	5.97	7.97

C.2 围护体系安装

C.2.1 围护体系安装

工作内容:清理基层、铺设、固定。

定 额 编 号					MC0027	MC0028	MC0029
项 目 名 称					石膏板铺设	呼吸纸铺设	岩棉铺设
单 位					100m²		10m³
综 合 单 价 (元)					1808.48	887.43	10986.23
费用	其中	人 工 费 (元)			527.88	354.13	2831.38
		材 料 费 (元)			999.81	396.90	7064.21
		施工机具使用费 (元)			55.91	—	—
		企 业 管 理 费 (元)			140.69	85.34	682.36
		利 润 (元)			75.43	45.75	365.81
		一 般 风 险 费 (元)			8.76	5.31	42.47
	编码	名 称	单位	单价(元)	消 耗 量		
人工	000300050	木工综合工	工日	125.00	4.223	2.833	22.651
材料	150300010	岩棉板	m³	650.00	—	—	10.400
	090100010	石膏板	m²	9.40	106.000	—	—
	155900450	单向呼吸纸	m²	3.10	—	126.000	—
	144300291	双面胶纸	m	0.50	—	—	260.000
	002000010	其他材料费	元	—	3.41	6.30	174.21
机械	991003020	电动空气压缩机 0.6m³/min	台班	37.78	1.480	—	—

D 建筑构件及部品工程

说　　明

一、单元式幕墙安装

1.本定额单元式幕墙是指由各种面板与支承框架在工厂制成,形成完整的幕墙结构基本单位后,运至施工现场直接安装在主体结构上的建筑幕墙。

2.单元式幕墙安装,按安装高度不同分别执行相应的定额子目。

(1)单元式幕墙的安装高度是指设计室外地坪至幕墙顶部标高之间的垂直高度。同一建筑物的幕墙顶部标高不同时,应按不同高度的垂直界面分别执行不同的定额子目。

(2)单元式幕墙安装子目已综合考虑幕墙单元板块的规格尺寸、材质和面层材料不同等因素,实际施工不同时,除可根据设计要求换算幕墙材料外,其他不作调整。

3.单元式幕墙设计为曲面或者斜面(倾斜角度大于30°)时,定额人工乘以系数1.15。

4.如设计防火隔断中的镀锌钢板规格、含量与定额不同时,除镀锌钢板用量可按设计要求进行换算外,其他不作调整。

二、非承重隔墙安装

1.非承重隔墙安装,按板材材质划分为钢丝网架轻质夹心隔墙板安装、轻质条板隔墙安装以及预制轻钢龙骨隔墙安装三类,各类板材按板材厚度不同分别编制定额子目。

2.非承重隔墙安装,按单层墙板安装进行编制,如设计为双层墙板时,根据双层墙板各自的墙板厚度不同,分别执行相应的单层墙板安装定额子目。若双层墙板中间设置保温、隔热或者隔声功能层的,发生时另行计算。

3.增加一道硅酸钙板定额子目是指在预制轻钢龙骨隔墙板外所铺设的面层板。

4.非承重隔墙板安装定额子目已包括各类固定配件、补(填)缝、抗裂措施构造以及板材遇门窗洞口所需切割改锯、孔洞加固等工作内容,发生时不另行计算。

5.钢丝网架轻质夹心隔墙板安装定额子目中的板材,按聚苯乙烯泡沫夹心板进行编制,设计不同时除可换算墙板材料外,其他不作调整。

6.非承重隔墙板安装中涉及的构造柱、圈梁、过梁等,按《重庆市房屋建筑与装饰工程计价定额》相应规定及定额子目执行。

三、预制烟道及通风道安装

1.预制烟道、通风道安装子目未包含进气口、支管、接口件的材料及安装人工消耗量。

2.烟道、通风道安装子目,按构件断面外包周长不同分别设置子目。设计不同时除可换算烟道、通风道材料外,其他不作调整。

3.成品金属烟道、通风道均按直形烟道、风道编制,设计采用弧形时,执行相应直形定额子目,人工乘以系数1.2,其他不作调整。

4.成品金属烟道、通风道定额子目不含支架安装,支架安装按相应定额子目执行。

四、预制护栏安装

预制成品护栏安装定额按护栏高度1.4m以内编制,护栏高度超过1.4m时,按相应定额子目人工、材料(除预制成品栏杆外)乘以系数1.1,其他不作调整。

五、装饰成品部件安装

1.装饰成品部件涉及的基层施工内容,按《重庆市房屋建筑与装饰工程计价定额》相应规定及定额子目执行。

2.成品踢脚线安装定额子目根据踢脚线的材质不同,按卡扣式直形踢脚线进行编制。遇弧形踢脚线时,定额人工乘以系数1.1,其他不作调整。

3.墙面成品木饰面面层安装,按墙面形状不同划分为直形、弧形,分别执行相应的定额子目。

4.成品木门(带门套)安装,按门的开启方式、安装方法不同分别执行相应的定额子目,其子目中已包括门套、贴脸及装饰线条安装,发生时不另行计算。

5.成品木质门(窗)套安装定额子目适用于单独的门(窗)套安装,按门(窗)套的展开宽度不同分别执行相应的定额子目,其子目中已包括贴脸及装饰线条安装,发生时不另行计算。

6.成品木门安装定额中的五金件,设计规格和数量与定额不同时,可根据设计进行换算。

7.成品橱柜安装,按上柜、下柜及台面板分别执行相应的定额子目。定额中不包括洁具五金、厨具电器等内容的安装,发生时另行计算。

8.成品橱柜台面板安装定额子目中的面板已包括磨边、折边内容,但不包括面板的开孔,实际发生开孔时另行计算;如成品台面板的设计材质与定额不同,除可换算面板材料外,其他不作调整。

工程量计算规则

一、单元式幕墙安装

1.单元式幕墙安装,按设计图示外围尺寸面积以"m²"计算,不扣除依附于幕墙板块制作的窗及洞口所占的面积。

2.防火隔断安装,按设计图示尺寸展开面积以"m²"计算。

3.槽型预埋件及 T 型转换螺栓安装,按设计图示数量以"个"计算。

二、非承重隔墙安装

1.非承重隔墙安装,按设计图示尺寸的墙体面积以"m²"计算,应扣除门窗、洞口、嵌入墙内的钢筋混凝土柱、梁、圈梁等所占的面积,不扣除梁头、板头、檩头、垫木、木楞头、沿缘木、木砖、门窗走头、砖墙内加固钢筋、木筋、铁件、钢管及单个面积 0.3m² 以内孔洞所占的面积。

2.非承重隔墙安装遇设计为双层墙板时,根据双层墙板各自的墙板厚度不同分别计算。

3.预制轻钢龙骨隔墙增贴的硅酸钙板工程量,按设计需增贴的面积以"m²"计算,不扣除单个面积0.3m²以内孔洞所占的面积。

三、预制烟道及通风道安装

1.预制烟道、通风道安装工程量,按图示尺寸长度以"m"计算。

2.成品金属烟道、通风道,按设计图示中心线分周长不同的长度以"m"计算,不扣除弯头、三通、变径管等异径管件的长度,但应扣除阀门及部件所占长度。

3.成品风帽安装工程量,按设计图示数量以"个"计算。

四、预制成品护栏安装

预制成品护栏安装工程量,按设计图示尺寸的中心线长度以"m"计算。

五、装饰成品部件安装

1.成品踢脚线安装,按设计图示尺寸长度以"m"计算。

2.墙面成品木饰面安装,按设计图示尺寸面积以"m²"计算。

3.带门套成品木门安装,按设计图示数量以"樘"计算。

4.成品门(窗)套安装工程量,按设计图示洞口长度以"m"计算。

5.成品橱柜安装,按设计图示尺寸的柜体中线长度以"m"计算。

6.成品台面板安装,按设计图示尺寸的板面中线长度以"m"计算。

7.成品洗漱台柜、成品水槽安装,按设计图示数量以"组"计算。

D.1 单元式幕墙安装

D.1.1 单元式幕墙

工作内容:清理、定位、安装、固定、注胶、清洗、轨道行车安拆。　　　　　　　　　　　　　　　　　计量单位:100m²

定　额　编　号					MD0001	MD0002	MD0003	MD0004
项　目　名　称					单元式幕墙			
					安装高度(m)			
					≤60	≤100	≤150	≤200
综　合　单　价　(元)					77837.69	79752.48	80852.66	82334.25
费用	其中	人　　工　　费　(元)			5383.00	6829.25	7649.38	8760.75
		材　　料　　费　(元)			69538.18	69538.18	69538.18	69538.18
		施 工 机 具 使 用 费 (元)			1280.61	1309.64	1340.45	1372.92
		企 业 管 理 费 (元)			944.18	1197.85	1341.70	1536.64
		利　　　　润　(元)			584.06	740.97	829.96	950.54
		一 般 风 险 费 (元)			107.66	136.59	152.99	175.22
	编码	名　　称	单位	单价(元)	消　　　耗　　　量			
人工	000300170	幕墙综合工	工日	125.00	43.064	54.634	61.195	70.086
材料	334200100	单元式幕墙	m²	680.00	100.500	100.500	100.500	100.500
	010000100	型钢 综合	t	4154.00	0.065	0.065	0.065	0.065
	144104500	耐候胶	L	38.97	6.150	6.150	6.150	6.150
	002000020	其他材料费	元	—	688.50	688.50	688.50	688.50
机械	990305010	叉式起重机 3t	台班	452.38	2.396	2.396	2.396	2.396
	990232010	遥控轨道行车 2t	台班	110.82	1.775	2.037	2.315	2.608

D.1.2 防火隔断

工作内容:安装、注胶、表面清理。　　　　　　　　　　　　　　　　　　　　　　　　　　　　　计量单位:10m²

定　额　编　号					MD0005	MD0006
项　目　名　称					防火隔断	
					缝宽(mm)	
					≤200	每增加100
综　合　单　价　(元)					5725.67	1441.19
费用	其中	人　　工　　费　(元)			1528.00	155.50
		材　　料　　费　(元)			3733.31	1238.44
		施 工 机 具 使 用 费 (元)			—	—
		企 业 管 理 费 (元)			268.01	27.27
		利　　　　润　(元)			165.79	16.87
		一 般 风 险 费 (元)			30.56	3.11
	编码	名　　称	单位	单价(元)	消　　　耗　　　量	
人工	000300170	幕墙综合工	工日	125.00	12.224	1.244
材料	150300010	岩棉板	m³	650.00	2.040	1.020
	012903065	镀锌钢板 1~1.5	kg	4.34	496.527	124.279
	133502300	密封胶	L	11.97	12.000	—
	002000020	其他材料费	元	—	108.74	36.07

D.1.3 槽型埋件

工作内容:定位、安装。

计量单位:100个

定 额 编 号						MD0007	MD0008
项 目 名 称						槽型埋件	T型转接螺栓
	综 合 单 价 (元)					**6700.99**	**1513.90**
费用	其中	人 工 费 (元)				1150.00	184.50
		材 料 费 (元)				5201.50	1273.33
		施工机具使用费 (元)				—	—
		企 业 管 理 费 (元)				201.71	32.36
		利 润 (元)				124.78	20.02
		一 般 风 险 费 (元)				23.00	3.69
	编码	名 称	单位	单价(元)		消 耗 量	
人工	000300170	幕墙综合工	工日	125.00		9.200	1.476
材料	032134520	槽型埋件 $L=300$	个	50.00		101.000	—
	030134710	不锈钢膨胀螺栓 M16×100	套	12.24		—	101.000
	002000020	其他材料费	元	—		151.50	37.09

D.2 非承重隔墙安装

D.2.1 钢丝网架轻质夹芯隔墙板

工作内容:清理、定位、固定配件安装、隔墙板安装、板块间及洞口处加固。

计量单位:100m²

定 额 编 号					MD0009	MD0010	MD0011
项 目 名 称					钢丝网架轻质夹芯隔墙板		
					板厚(mm)		
					≤50	≤80	≤100
	综 合 单 价 (元)				**4874.76**	**6290.73**	**8649.50**
费用	其中	人 工 费 (元)			573.00	639.63	715.25
		材 料 费 (元)			4081.04	5404.72	7658.73
		施工机具使用费 (元)			—	—	—
		企 业 管 理 费 (元)			138.09	154.15	172.38
		利 润 (元)			74.03	82.64	92.41
		一 般 风 险 费 (元)			8.60	9.59	10.73
	编码	名 称	单位	单价(元)	消 耗 量		
人工	000300050	木工综合工	工日	125.00	4.584	5.117	5.722
材料	092500820	钢丝网架聚苯乙烯泡沫夹芯板 δ50	m²	29.91	102.000	—	—
	092500810	钢丝网架聚苯乙烯泡沫夹芯板 δ80	m²	42.73	—	102.000	—
	092500830	钢丝网架聚苯乙烯泡沫夹芯板 δ100	m²	64.10	—	—	102.000
	032100550	镀锌钢丝网 $\phi 2.5×67×67\sim\phi 3×50×50$	m²	7.63	66.200	66.200	66.200
	012903050	镀锌钢板 综合	kg	4.34	13.567	14.245	15.385
	030130120	膨胀螺栓	套	0.94	453.000	453.000	503.000
	002000020	其他材料费	元	—	40.41	53.51	75.83

D.2.2 轻质条板隔墙

工作内容:1.清理、定位、固定配件安装、隔墙板安装。2.板块间及洞口处填塞、灌缝、贴布、砂浆找平。

计量单位:100m²

定 额 编 号					MD0012	MD0013	MD0014	MD0015
项 目 名 称					轻质条板隔墙			
					板厚(mm)			
					≤100	≤120	≤150	≤200
综 合 单 价 (元)					**9649.48**	**10608.98**	**11775.32**	**13200.03**
费用其中		人 工 费 (元)			1283.38	1540.25	1694.25	1863.75
		材 料 费 (元)			7856.00	8457.31	9407.60	10594.38
		施工机具使用费 (元)			11.37	13.08	15.05	17.31
		企 业 管 理 费 (元)			312.03	374.35	411.94	453.34
		利 润 (元)			167.28	200.69	220.84	243.03
		一 般 风 险 费 (元)			19.42	23.30	25.64	28.22
	编码	名 称	单位	单价(元)	消 耗 量			
人工	000300050	木工综合工	工日	125.00	10.267	12.322	13.554	14.910
材料	092501400	轻质空心隔墙条板δ100	m²	66.00	102.000	—	—	—
	092501410	轻质空心隔墙条板δ120	m²	71.00	—	102.000	—	—
	092501420	轻质空心隔墙条板δ150	m²	79.00	—	—	102.000	—
	092501430	轻质空心隔墙条板δ200	m²	89.00	—	—	—	102.000
	010100300	钢筋φ10以内	t	3786.00	0.078	0.078	0.078	0.078
	850701170	聚合物干粉砂浆M10	m³	370.00	0.490	0.515	0.564	0.613
	840201140	商品砼	m³	286.00	0.261	0.291	0.335	0.409
	032103500	合金钢切割片φ300	片	144.44	2.214	2.546	2.927	3.367
	012903050	镀锌钢板 综合	kg	4.34	30.062	34.571	43.590	55.614
	023100700	玻璃纤维网格布	m²	2.09	21.389	21.389	21.389	21.389
	002000020	其他材料费	元	—	77.78	83.74	93.14	104.89
机械	990788010	砂轮切割机 砂轮片直径350mm	台班	12.85	0.885	1.018	1.171	1.347

D.2.3 预制轻钢龙骨隔墙

工作内容:1.预制轻钢龙骨隔墙板安装:清理、定位、固定配件安装、隔墙板安装;板缝填塞、与主体结构结合处贴布、隔声材料铺设等。
2.硅酸钙板安装:清理、在已装配好的隔墙板上布板安装。

计量单位:100m²

定 额 编 号					MD0016	MD0017	MD0018	MD0019
项 目 名 称					预制轻钢龙骨隔墙			增加一道硅酸钙板
					板厚(mm)			
					≤80	≤100	≤150	
综 合 单 价 (元)					**12876.44**	**14382.33**	**16271.93**	**2807.71**
费用其中		人 工 费 (元)			1668.50	2002.25	2202.50	290.38
		材 料 费 (元)			10255.83	11252.97	12811.81	2338.22
		施工机具使用费 (元)			223.36	256.89	295.42	48.56
		企 业 管 理 费 (元)			455.94	544.45	602.00	81.68
		利 润 (元)			244.43	291.58	322.73	43.79
		一 般 风 险 费 (元)			28.38	33.89	37.47	5.08
	编码	名 称	单位	单价(元)	消 耗 量			
人工	000300050	木工综合工	工日	125.00	13.348	16.018	17.620	2.323
材料	092501510	预制轻钢龙骨内墙隔板δ80	m²	85.00	102.000	—	—	—
	092501520	预制轻钢龙骨内墙隔板δ100	m²	93.00	—	102.000	—	—
	092501530	预制轻钢龙骨内墙隔板δ150	m²	105.00	—	—	102.000	—
	091900110	硅酸钙板δ10	m²	20.09	—	—	—	105.000
	032103500	合金钢切割片φ300	片	144.44	3.720	4.278	4.920	1.302
	012902550	不锈钢板	kg	15.64	9.801	11.722	16.526	—
	012903050	镀锌钢板 综合	kg	4.34	92.310	102.810	129.061	—
	023100700	玻璃纤维网格布	m²	2.09	16.800	16.800	16.800	8.400
	150700410	玻璃棉毡	m²	6.75	8.931	11.160	16.733	—
	030130120	膨胀螺栓	套	0.94	316.667	316.667	316.667	—
	002000020	其他材料费	元	—	101.54	111.42	126.85	23.15
机械	991003020	电动空气压缩机 0.6m³/min	台班	37.78	5.228	6.013	6.915	1.046
	990788010	砂轮切割机 砂轮片直径350mm	台班	12.85	2.011	2.313	2.659	0.704

D.3 预制烟道及通风道安装

D.3.1 预制烟道及通风道

工作内容:场地清理、预制构建就位、预制构建上下层连接安装、墙、板连接处填塞密实。　　　　计量单位:10m

		定　额　编　号				MD0020	MD0021	MD0022
						预制烟道、通风道		
		项　目　名　称				断面周长		
						≤1.5m	≤2m	≤2.5m
费用	其中	综　合　单　价　(元)				**1791.87**	**2111.79**	**2738.29**
		人　工　费　(元)				639.38	737.75	861.38
		材　料　费　(元)				899.97	1081.37	1534.58
		施工机具使用费　(元)				4.50	6.13	7.61
		企　业　管　理　费　(元)				155.17	179.27	209.42
		利　　润　(元)				83.19	96.11	112.27
		一　般　风　险　费　(元)				9.66	11.16	13.03
	编码	名　称	单位	单价(元)		消　耗　　　量		
人工	000500050	通风综合工	工日	125.00		5.115	5.902	6.891
材料	334000010	钢丝网水泥排气道 450×300	m	70.00		10.200	—	—
	334000020	钢丝网水泥排气道 400×500	m	82.00		—	10.200	—
	334000030	钢丝网水泥排气道 550×600	m	120.00		—	—	10.200
	850301120	干混砌筑砂浆 DM M10	t	222.22		0.328	0.439	0.547
	840101030	现浇混凝土 C20	m³	267.00		0.038	0.051	0.063
	012100010	角钢 综合	kg	3.92		17.860	23.813	29.767
	002000010	其他材料费	元	—		32.92	40.45	55.52
机械	990611010	干混砂浆罐式搅拌机 20000L	台班	232.40		0.019	0.026	0.032
	990901020	交流弧焊机 32kV·A	台班	85.07		0.001	0.001	0.002

D.3.2 成品金属烟道及通风道

工作内容:1.找标高、打支架墙洞、配合预留洞口、埋设吊托支架。2.组装、风管就位找平、找正、加密
　　　　封胶条、上角码、弹簧夹、螺栓、紧固。　　　　计量单位:10m

		定　额　编　号				MD0023	MD0024	MD0025	MD0026
						成品金属烟道、通风道			
		项　目　名　称				薄钢板矩形(δ=2mm以内,焊接)			
						断面周长			
						≤1.5m	≤2m	≤2.5m	>2.5m
费用	其中	综　合　单　价　(元)				**3078.06**	**4534.99**	**5276.26**	**5631.08**
		人　工　费　(元)				485.63	491.38	412.00	375.88
		材　料　费　(元)				2378.17	3825.90	4670.81	5081.82
		施工机具使用费　(元)				19.63	20.52	25.08	20.64
		企　业　管　理　费　(元)				121.77	123.37	105.34	95.56
		利　　润　(元)				65.28	66.14	56.47	51.23
		一　般　风　险　费　(元)				7.58	7.68	6.56	5.95
	编码	名　称	单位	单价(元)		消　耗　　　量			
人工	000500050	通风综合工	工日	125.00		3.885	3.931	3.296	3.007
材料	334000200	2mm薄钢板成品排气道 300×250	m	227.90		10.100	—	—	—
	334000210	2mm薄钢板成品排气道 500×400	m	372.92		—	10.100	—	—
	334000230	2mm薄钢板成品排气道 600×500	m	455.79		—	—	10.100	—
	334000250	2mm薄钢板成品排气道 800×400	m	497.23		—	—	—	10.100
	030114705	镀锌六角螺栓带螺母 M6×16~25	套	0.30		202.800	146.700		
	030114707	镀锌六角螺栓带螺母 M8×16~25	套	0.45				114.400	103.200
	002000010	其他材料费	元	—		15.54	15.40	15.85	13.36
机械	002000040	其他机械费	元	—		19.63	20.52	25.08	20.64

工作内容: 1.找标高、打支架墙洞、配合预留洞口、埋设吊托支架。2.组装、风管就位找平、找正、加密封胶条、上角码、弹簧夹、螺栓、紧固。

计量单位:10m

定　额　编　号					MD0027	MD0028	MD0029	MD0030
项　目　名　称					成品金属烟道、通风道			
					薄钢板矩形(δ＝3mm 以内，焊接)			
					断面周长			
					≤1.5m	≤2m	≤2.5m	＞2.5m
综　合　单　价　（元）					3689.26	4524.72	6889.83	7371.57
费用	其中	人　工　费　（元）			364.25	373.25	456.25	411.63
		材　料　费　（元）			3156.31	3977.27	6220.65	6771.86
		施工机具使用费　（元）			20.50	21.96	26.84	21.31
		企　业　管　理　费　（元）			92.72	95.25	116.42	104.34
		利　　润　（元）			49.71	51.06	62.42	55.94
		一　般　风　险　费　（元）			5.77	5.93	7.25	6.49
	编码	名　　称	单位	单价(元)	消　　耗　　量			
人工	000500050	通风综合工	工日	125.00	2.914	2.986	3.650	3.293
材料	334000300	3mm 薄钢板成品排气道 300×250	m	304.35	10.100	—	—	—
	334000310	3mm 薄钢板成品排气道 500×400	m	387.36	—	10.100	—	—
	334000330	3mm 薄钢板成品排气道 600×500	m	608.70	—	—	10.100	—
	334000350	3mm 薄钢板成品排气道 800×400	m	664.04	—	—	—	10.100
	030114705	镀锌六角螺栓带螺母 M6×16～25	套	0.30	202.800	146.700		
	030114707	镀锌六角螺栓带螺母 M8×16～25	套	0.45	—	—	114.400	103.200
	002000010	其他材料费	元	—	21.53	20.92	21.30	18.62
机械	002000040	其他机械费	元	—	20.50	21.96	26.84	21.31

工作内容: 1.找标高、打支架墙洞、配合预留洞口、埋设吊托支架。2.组装、风管就位找平、找正、加密封胶条、上角码、弹簧夹、螺栓、紧固。

计量单位:10m

定　额　编　号					MD0031	MD0032	MD0033	MD0034
项　目　名　称					成品金属烟道、通风道			
					镀锌薄钢板矩形(δ＝1.2mm 以内，咬口)			
					断面周长			
					≤1.5m	≤2m	≤2.5m	＞2.5m
综　合　单　价　（元）					1784.10	2436.54	3051.82	3338.60
费用	其中	人　工　费　（元）			405.75	367.00	448.50	323.38
		材　料　费　（元）			1200.61	1907.73	2405.56	2873.04
		施工机具使用费　（元）			15.48	14.76	18.04	12.72
		企　业　管　理　费　（元）			101.52	92.00	112.44	81.00
		利　　润　（元）			54.42	49.32	60.28	43.42
		一　般　风　险　费　（元）			6.32	5.73	7.00	5.04
	编码	名　　称	单位	单价(元)	消　　耗　　量			
人工	000500050	通风综合工	工日	125.00	3.246	2.936	3.588	2.587
材料	334000100	镀锌钢板成品排气道 300×250	m	104.36	10.100	—	—	—
	334000110	镀锌钢板成品排气道 500×400	m	172.31	—	10.100	—	—
	334000130	镀锌钢板成品排气道 600×500	m	225.65	—	—	10.100	—
	334000150	镀锌钢板成品排气道 800×400	m	270.77	—	—	—	10.100
	020301210	9501 密封胶条	m	3.00	23.208	25.855	22.799	24.010
	030114705	镀锌六角螺栓带螺母 M6×16～25	套	0.30	202.800			
	030114707	镀锌六角螺栓带螺母 M8×16～25	套	0.45	—	162.900	94.600	80.400
	002000010	其他材料费	元	—	16.11	16.53	15.53	30.05
机械	002000040	其他机械费	元	—	15.48	14.76	18.04	12.72

工作内容:1.找标高、打支架墙洞、配合预留洞口、埋设吊托支架。2.组装、风管就位找平、找正、加密封
胶条、上角码、弹簧夹、螺栓、紧固。

计量单位:10m

定 额 编 号					MD0035	MD0036	MD0037	MD0038
项 目 名 称					成品金属烟道、通风道			
					不锈钢板矩形(2mm氩弧焊)		不锈钢板矩形(3mm氩弧焊)	
					断面周长			
					≤1.5m	≤2m	≤2.5m	>2.5m
费用	其中	综 合 单 价(元)			9063.25	11862.76	22628.03	24310.02
		人 工 费(元)			870.13	1240.38	1468.88	1862.38
		材 料 费(元)			6944.76	8862.81	18800.42	20444.44
		施 工 机 具 使 用 费(元)			659.25	925.33	1294.34	928.25
		企 业 管 理 费(元)			368.58	521.94	665.93	672.54
		利 润(元)			197.59	279.81	357.01	360.55
		一 般 风 险 费(元)			22.94	32.49	41.45	41.86
	编码	名 称	单位	单价(元)	消 耗 量			
人工	000500050	通风综合工	工日	125.00	6.961	9.923	11.751	14.899
材料	334000400	2mm不锈钢板成品排气道300×250	m	665.96	10.100	—	—	—
	334000410	2mm不锈钢板成品排气道500×400	m	847.59	—	10.100	—	—
	334000530	3mm不锈钢板成品排气道600×500	m	1808.85	—	—	10.100	—
	334000550	3mm不锈钢板成品排气道800×400	m	1973.29	—	—	—	10.100
	031360810	不锈钢焊丝 1Cr18Ni9Ti	kg	33.64	2.100	3.112	7.528	8.216
	143900600	氩气	m³	12.72	7.189	10.091	14.116	10.123
	002000010	其他材料费	元	—		56.48	69.11	98.24	109.06
机械	990912010	氩弧焊机 500A	台班	93.99	7.014	9.845	13.771	9.876

工作内容:1.下料、号料、开孔、钻孔、组对、电焊、焊接成型、焊缝酸洗、钝化。2.找平、找正、组对、安装。 计量单位:100kg

定 额 编 号					MD0039
项 目 名 称					吊托支架
费用	其中	综 合 单 价(元)			1393.52
		人 工 费(元)			619.92
		材 料 费(元)			454.51
		施 工 机 具 使 用 费(元)			57.97
		企 业 管 理 费(元)			163.37
		利 润(元)			87.58
		一 般 风 险 费(元)			10.17
	编码	名 称	单位	单价(元)	消 耗 量
人工	000300160	金属制安综合工	工日	120.00	5.166
材料	012100030	角钢 63以内	kg	3.92	101.000
	012900030	钢板 综合	kg	3.68	3.000
	002000010	其他材料费	元	—	47.55
机械	990912010	氩弧焊机 500A	台班	93.99	0.600
	002000040	其他机械费	元	—	1.58

D.3.3 成品风帽

工作内容：1.清理现场及底座预留孔、风帽就位、立柱安装及预留孔灌浆。2.现场清理、金属风帽就位、风帽及底座连接。

计量单位：10个

定　额　编　号					MD0040	MD0041
项　目　名　称					成品风帽	
					混凝土	钢制
综　合　单　价　（元）					**3526.04**	**4068.25**
费用	其中	人　工　费　（元）			1076.13	601.13
		材　料　费　（元）			2033.46	3235.56
		施工机具使用费　（元）			1.39	—
		企　业　管　理　费　（元）			259.68	144.87
		利　　润　（元）			139.22	77.67
		一　般　风　险　费　（元）			16.16	9.02
	编码	名　称	单位	单价（元）	消　耗　量	
人工	000500050	通风综合工	工日	125.00	8.609	4.809
材料	226200010	成品混凝土风帽	个	200.00	10.000	—
	226200020	成品钢制风帽	个	299.00	—	10.000
	030134741	膨胀螺栓 钢制 M12	套	3.00	60.600	—
	002000010	其他材料费	元	—	33.46	63.76
机械	990611010	干混砂浆罐式搅拌机 20000L	台班	232.40	0.006	

D.4 预制成品护栏安装

工作内容：结合面清理，构件吊装、就位、校正、垫实、固定，接头钢筋调直、焊接，搭设及拆除钢支撑。

计量单位：10m

定　额　编　号					MD0042	MD0043	MD0044	MD0045	MD0046	MD0047
项　目　名　称					预制成品护栏安装					
					混凝土	型钢	型钢玻璃	铝合金	铝合金玻璃	不锈钢管玻璃
综　合　单　价　（元）					**1173.52**	**2651.54**	**4737.40**	**3581.21**	**3847.93**	**5522.48**
费用	其中	人　工　费　（元）			310.73	453.10	410.90	391.46	355.01	363.40
		材　料　费　（元）			713.64	1996.80	4139.93	3011.85	3327.89	4945.03
		施工机具使用费　（元）			21.27	19.57	20.42	19.57	20.42	53.47
		企　业　管　理　费　（元）			80.01	113.91	103.95	99.06	90.48	100.47
		利　　润　（元）			42.89	61.07	55.73	53.10	48.50	53.86
		一　般　风　险　费　（元）			4.98	7.09	6.47	6.17	5.63	6.25
	编码	名　称	单位	单价（元）	消　耗　量					
人工	000300010	建筑综合工	工日	115.00	2.702	3.940	3.573	3.404	3.087	3.160
材料	334100800	预制混凝土护栏	m	60.00	10.050	—	—	—	—	—
	334100810	预制型钢护栏	m	190.00	—	10.050	—	—	—	—
	334100820	预制型钢玻璃护栏	m	400.00	—	—	10.050	—	—	—
	334100830	预制铝合金护栏	m	290.00	—	—	—	10.050	—	—
	334100840	预制铝合金玻璃护栏	m	320.00	—	—	—	—	10.050	—
	334100850	预制不锈钢玻璃护栏	m	450.00	—	—	—	—	—	10.050
	032131310	预埋铁件	kg	4.27	21.800	13.360	16.032	13.360	16.032	—
	030112910	不锈钢六角螺栓带螺母 M6×50 以下	十套	9.50	—	—	—	—	—	34.980
	002000010	其他材料费	元	—	17.55	30.25	51.47	40.30	43.43	90.22
机械	990901020	交流弧焊机 32kV·A	台班	85.07	0.250	0.230	0.240	0.230	0.240	—
	990912010	氩弧焊机 500A	台班	93.99	—	—	—	—	—	0.430
	990795010	金属面抛光机	台班	24.17	—	—	—	—	—	0.540

定　额　编　号					MD0048	MD0049	MD0050
项　目　名　称					预制成品护栏安装		
					不锈钢管	铁艺	木质
	综　合　单　价　(元)				**4731.71**	**3058.86**	**3516.78**
费用 其中	人　工　费　(元)				300.04	636.18	533.37
	材　料　费　(元)				4166.56	2165.46	2776.34
	施工机具使用费　(元)				107.95	8.78	1.17
	企　业　管　理　费　(元)				98.33	155.44	128.82
	利　　　润　(元)				52.71	83.33	69.06
	一　般　风　险　费　(元)				6.12	9.67	8.02
	编码	名　称	单位	单价(元)	消　　耗　　量		
人工	000300010	建筑综合工	工日	115.00	2.609	5.532	4.638
材料	334100860	预制不锈钢护栏	m	400.00	10.050	—	—
	334100870	预制铁艺护栏	m	190.00	—	10.050	—
	334100880	预制木质护栏	m	260.00	—	—	10.050
	011100020	方钢 综合	t	4291.00	—	0.014	—
	032131310	预埋铁件	kg	4.27	—	—	27.163
	031360710	不锈钢焊丝	kg	48.63	1.250	—	—
	011300020	扁钢 综合	kg	4.00	—	39.000	—
	002000010	其他材料费	元	—	85.77	39.89	47.35
机械	990901010	交流弧焊机 容量21kV·A	台班	58.56	—	0.150	0.020
	990912010	氩弧焊机 500A	台班	93.99	1.110	—	—
	990795010	金属面抛光机	台班	24.17	0.150	—	—

D.5　装饰成品部件安装

D.5.1　成品踢脚线

工作内容:基层清理、定位、安装、固定等。　　　计量单位:10m

定　额　编　号					MD0051	MD0052
项　目　名　称					成品踢脚线	
					实木	金属
	综　合　单　价　(元)				**151.80**	**170.23**
费用 其中	人　工　费　(元)				38.00	38.00
	材　料　费　(元)				99.16	117.59
	施工机具使用费　(元)				—	—
	企　业　管　理　费　(元)				9.16	9.16
	利　　　润　(元)				4.91	4.91
	一　般　风　险　费　(元)				0.57	0.57
	编码	名　称	单位	单价(元)	消　　耗　　量	
人工	000300050	木工综合工	工日	125.00	0.304	0.304
材料	120101630	成品木踢脚线	m	8.55	10.500	—
	120300900	金属踢脚线 综合	m	10.26	—	10.500
	334200110	卡扣	kg	3.00	2.800	2.900
	002000020	其他材料费	元	—	0.98	1.16

D.5.2 墙面成品木饰面

工作内容:基层清理、定位、安装、固定等。

计量单位:10m²

定 额 编 号					MD0053	MD0054
项 目 名 称					墙面成品木饰面面层安装	
					直形	弧形
综 合 单 价 (元)					**3442.78**	**3016.80**
费用	其中	人 工 费 (元)			189.63	208.63
		材 料 费 (元)			3180.11	2727.81
		施工机具使用费 (元)			—	—
		企 业 管 理 费 (元)			45.70	50.28
		利 润 (元)			24.50	26.95
		一 般 风 险 费 (元)			2.84	3.13
	编码	名 称	单位	单价(元)	消 耗 量	
人工	000300050	木工综合工	工日	125.00	1.517	1.669
材料	050501311	成品木饰面(直形)	m²	299.15	10.500	—
	050501312	成品木饰面(弧形)	m²	256.41	—	10.500
	030190010	圆钉综合	kg	6.60	0.660	0.750
	031395210	合金钢钻头 φ10	个	7.26	0.270	0.300
	030190410	枪钉	盒	6.84	0.180	0.200
	002000020	其他材料费	元	—	31.49	27.01

D.5.3 成品木门

工作内容:1.测量、定制、定位、门及门套安装、固定等。2.五金配件安装调试等。

计量单位:樘

定 额 编 号					MD0055	MD0056	MD0057	MD0058
项 目 名 称					带门套成品平开复合木门		带门套成品平开实木门	
					单开	双开	单开	双开
综 合 单 价 (元)					**928.47**	**1877.71**	**1299.07**	**2349.40**
费用	其中	人 工 费 (元)			75.88	113.88	91.00	136.50
		材 料 费 (元)			823.36	1719.97	1173.01	2160.31
		施工机具使用费 (元)			—	—	—	—
		企 业 管 理 费 (元)			18.29	27.44	21.93	32.90
		利 润 (元)			9.80	14.71	11.76	17.64
		一 般 风 险 费 (元)			1.14	1.71	1.37	2.05
	编码	名 称	单位	单价(元)	消 耗 量			
人工	000300050	木工综合工	工日	125.00	0.607	0.911	0.728	1.092
材料	110100610	成品复合木门及门套 0.9m×2.1m	樘	683.76	1.000	—	—	—
	110100620	成品复合木门及门套 1.5m×2.4m	樘	1452.99	—	1.000	—	—
	110100630	成品实木门及门套 0.9m×2.1m	樘	1025.64	—	—	1.000	—
	110100640	成品实木门及门套 1.5m×2.4m	樘	1880.34	—	—	—	1.000
	030320030	单开门锁	把	95.00	1.000	—	1.000	—
	030320040	双开门锁	把	185.00	—	1.000	—	1.000
	144103111	发泡剂 750ml	支	15.00	1.000	1.300	1.000	1.300
	030340990	强力磁碰	个	12.82	1.000	2.000	1.000	2.000
	030330040	不锈钢合页 100mm	个	4.27	2.020	4.040	3.030	6.060
	030330580	插销	副	1.28	—	2.000	—	2.000
	002000020	其他材料费	元	—	8.15	17.03	11.61	21.39

工作内容：1.测量、定制、定位、门及门套安装、固定等。2.五金配件安装调试等。

计量单位：樘

定 额 编 号					MD0059	MD0060
项 目 名 称					带门套成品推拉木门	
					吊装式	落地式
综 合 单 价 （元）					**1412.37**	**1092.25**
费用	其中	人 工 费 （元）			245.75	273.00
		材 料 费 （元）			1071.95	714.09
		施 工 机 具 使 用 费 （元）			—	—
		企 业 管 理 费 （元）			59.23	65.79
		利 润 （元）			31.75	35.27
		一 般 风 险 费 （元）			3.69	4.10
	编码	名 称	单位	单价（元）	消 耗 量	
人工	000300050	木工综合工	工日	125.00	1.966	2.184
材料	110100650	吊装式成品移门 0.8m×2.0m	樘	384.62	1.000	—
	110100660	落地式成品移门 0.8m×2.0m	樘	427.35	—	1.000
	372502000	定位器 L 型	套	237.61	2.000	1.000
	032104530	金属吊轮	个	64.00	2.000	—
	093900860	U 形铝合金吊轨	m	21.36	2.000	—
	120103900	门窗套线	m	8.55	3.600	3.600
	092300060	下滑轨	m	5.64	—	2.000
	002000020	其他材料费	元	—	10.61	7.07

工作内容：测量、定制、清理、定位、固定、安装等。

计量单位：10m

定 额 编 号					MD0061	MD0062	MD0063	MD0064
项 目 名 称					成品木质门套		成品木质窗套	
					门套断面展开宽（mm）			
					≤250	>250	≤200	>200
综 合 单 价 （元）					**247.04**	**275.56**	**197.34**	**210.94**
费用	其中	人 工 费 （元）			91.00	106.13	68.25	75.88
		材 料 费 （元）			120.98	128.55	102.80	105.83
		施 工 机 具 使 用 费 （元）			—	—	—	—
		企 业 管 理 费 （元）			21.93	25.58	16.45	18.29
		利 润 （元）			11.76	13.71	8.82	9.80
		一 般 风 险 费 （元）			1.37	1.59	1.02	1.14
	编码	名 称	单位	单价（元）	消 耗 量			
人工	000300050	木工综合工	工日	125.00	0.728	0.849	0.546	0.607
材料	120103900	门窗套线	m	8.55	10.500	10.500	10.500	10.500
	144103111	发泡剂 750ml	支	15.00	2.000	2.500	0.800	1.000
	002000020	其他材料费	元	—	1.20	1.27	1.02	1.05

D.5.4 成品橱柜

工作内容：测量、定制、清理、固定、安装等。

定　额　编　号					MD0065	MD0066	MD0067
项　目　名　称					成品橱柜		水槽
					上柜	下柜	
单　　　　　位					10m		组
综　合　单　价　（元）					**4500.29**	**5973.21**	**19.79**
费用	其中	人　工　费　（元）			326.13	295.75	8.13
		材　料　费　（元）			4048.53	5563.53	8.53
		施工机具使用费　（元）			—	—	—
		企　业　管　理　费　（元）			78.60	71.28	1.96
		利　　　润　（元）			42.14	38.21	1.05
		一　般　风　险　费　（元）			4.89	4.44	0.12
	编码	名　　称	单位	单价（元）	消　　耗　　量		
人工	000300050	木工综合工	工日	125.00	2.609	2.366	0.065
材料	543300410	成品橱柜 上柜 400×700	m	400.00	10.000	—	—
	543300420	成品橱柜 下柜 550×900	m	550.00	—	10.000	—
	133500310	防水密封胶	支	8.45	1.000	1.000	1.000
	002000020	其他材料费	元	—	40.08	55.08	0.08

工作内容：1.测量、定制、清理、固定、安装等。2.五金配件安装调试等。

定　额　编　号					MD0068	MD0069	MD0070
项　目　名　称					成品橱柜		成品洗漱台柜
					台面板		
					人造石	不锈钢	
单　　　　　位					10m		组
综　合　单　价　（元）					**17206.97**	**3929.78**	**3131.35**
费用	其中	人　工　费　（元）			151.63	136.50	67.00
		材　料　费　（元）			16996.94	3740.69	3038.53
		施工机具使用费　（元）			—	—	—
		企　业　管　理　费　（元）			36.54	32.90	16.15
		利　　　润　（元）			19.59	17.64	8.66
		一　般　风　险　费　（元）			2.27	2.05	1.01
	编码	名　　称	单位	单价（元）	消　　耗　　量		
人工	000300050	木工综合工	工日	125.00	1.213	1.092	0.536
材料	543300610	成品人造石台面板宽550 厚12	m	1600.00	10.500	—	—
	543300620	成品不锈钢台面板宽550 厚12	m	350.00	—	10.500	—
	212100100	成品洗漱台柜 1.5×0.5×0.9	组	3000.00	—	—	1.000
	133500310	防水密封胶	支	8.45	3.390	3.390	1.000
	002000020	其他材料费	元	—	168.29	37.04	30.08

E 措施项目

说　明

一、工具式模板

1.工具式模板指组成模板的模板结构及构配件为定型化、标准化产品,可多次重复利用,并按照规定的程序组装和施工。本章定额中的工具式模板按照铝合金模板编制,实际使用材料与定额子目不同时不作调整。

2.铝合金模板系统是由铝模板系统、支撑系统、紧固系统和附件系统构成。

3.现浇混凝土柱(不含构造柱)、墙、梁(不含圈梁、过梁)、板是按照高度3.6m以内综合考虑。超过3.6m时,超过部分另按相应定额子目执行。

4.板的高度为板面或地面、垫层面至上层板面的高度,如遇斜板面结构时,柱分别以各柱的中心高度为准,框架梁以每跨两端的支座平均高度为准,板(含梁板合计的梁)以高点与低点的平均高度为准。

5.异形柱、梁,是指柱、梁的断面形状为L形、十字形、T形等的柱、梁。

二、脚手架工程

1.装配式单层厂(库)房钢结构工程,综合脚手架已综合考虑了檐高6m以内的砌筑、浇筑、吊装、一般装饰等脚手架费用,若檐高超过6m,则按每增加1m定额计算。

2.装配式多层厂(库)房钢结构工程,综合脚手架已综合考虑了檐高20m以内且层高在6m以内的砌筑、浇筑、吊装、一般装饰等脚手架费用,若檐高超过20m或层高超过6m,则按每增加1m定额计算。

3.装配式住宅钢结构工程,综合脚手架已综合考虑了层高3.6m以内的砌筑、浇筑、吊装、一般装饰等脚手架费用,若层高超过3.6m时,该层综合脚手架按每增加1.0m(不足1m按1m计算)增加10%计算。

4.装配式混凝土结构、钢-混组合结构、木结构工程,综合脚手架按《重庆市房屋建筑与装饰工程计价定额》有关规定的相应定额子目乘以系数0.85计算。

5.按本定额计算了综合脚手架外,如需计算单项脚手架,按《重庆市房屋建筑与装饰工程计价定额》的有关规定执行。

6.工具式脚手架是指组成脚手架的架体结构和构配件为定型化、标准化产品,可多次重复利用,按规定的程序组装和施工,包括附着式电动整体提升架和电动高空作业吊篮两部分。

7.电动高空作业吊篮定额适用于外立面装饰工程。

三、垂直运输

1.本章施工机械是按装配式建筑工程常规施工机械编制的,实际施工不同时不得调整。

2.垂直运输子目不包含基础施工所需的垂直运输费用,基础施工时按批准的施工组织设计另行计算。

3.装配式厂(库)房钢-混组合结构工程,按本定额装配式钢-混组合结构工程相应定额子目乘以系数0.45。

4.装配式混凝土、钢-混组合、木结构工程及住宅钢结构工程,垂直运输按层高3.6m以内进行编制,层高超过3.6m时,该层垂直运输按每增加1.0m(不足1m按1m计算)增加10%计算。

5.檐高3.6m以内的单层建筑,不计算垂直运输机械。

6.装配式混凝土结构工程的预制率,是指装配式混凝土结构单位工程,±0.000标高以上主体结构和围护结构中的预制构件混凝土体积占对应部分混凝土总体积的百分比。预制构件混凝土体积的计算范围应符合《重庆市装配式建筑装配率计算细则(试行)》(渝建〔2017〕743号)的有关规定。

7.商务楼、商住楼等钢结构工程参照住宅钢结构工程相应定额子目执行。

四、超高施工增加

1.超高施工增加是指单层建筑物檐高大于20m、多层建筑物大于6层或檐高大于20m的人工、机械降效、通信联络、高层加压水泵的台班费。

2.单层建筑物檐高大于20m,按综合脚手架面积计算超高施工降效,执行超高施工增加相应檐高定额子目乘以系数 0.2；多层建筑物大于 6 层或檐高大于 20m，均应按超高部分的综合脚手架面积计算超高施工降效费，超过 20m 且超过部分高度不足所在层层高时，按一层计算。

五、大型机械设备进出场及安拆

1.大型机械设备安拆

(1) 自升式塔式起重机是以塔高 45m 确定的，如塔高超过 45m 时，每增高 10m（不足 10m 按 10m 计算），安拆项目增加 20%。

(2) 塔机安拆高度，按建筑物塔机布置点地面至建筑物结构最高点加 6m 计算。

(3) 安拆台班中已包括机械安装完毕后的试运转台班。

2.大型机械设备进出场

(1) 机械场外运输是按运距 30km 考虑的。

(2) 机械场外运输综合考虑了机械施工完毕后回程的台班。

(3) 自升式塔机是以塔高 45m 确定的，如塔高超过 45m 时，每增高 10m，场外运输项目增加 10%。

3.本定额缺项时按《重庆市房屋建筑与装饰工程计价定额》相应定额子目执行，本定额及《重庆市房屋建筑与装饰工程计价定额》均缺项的特大型机械，其安装、拆卸、场外运输费发生时按实计算。

4.本定额大型机械进出场中已综合考虑了运输道路等级、重车上下坡等多种因素，但不包括过路费、过桥费和桥梁加固、道路拓宽、道路修整等费用，发生时另行计算。

工程量计算规则

一、后浇混凝土模板

后浇混凝土模板工程量,按后浇混凝土与模板的接触面积以"m²"计算,伸出后浇混凝土与预制构件抱合部分的模板面积不增加计算。不扣除后浇混凝土墙、板上单孔面积 0.3m² 以内的孔洞,洞侧壁模板亦不增加;单孔面积 0.3m² 以外时应予扣除,孔洞侧壁模板面积并入相应的墙、板模板工程量内计算。

二、工具式模板

1.工具式模板工程量,按模板与混凝土的接触面积以"m²"计算。

2.墙、板上单孔面积 0.3m² 以内的孔洞不予扣除,洞侧壁模板亦不增加,单孔面积 0.3m² 以外时应予扣除,洞侧壁模板面积并入墙、板模板工程量内计算。

3.柱与梁、柱与墙、梁与梁等连接重叠部分以及伸入墙内的梁头、板头与砖接触部分,均不计算模板面积。

4.整体楼梯(包括休息平台、平台梁、斜梁和楼层板的连接梁)模板工程量,按水平投影面积以"m²"计算,不扣除 500mm 以内的楼梯井,楼梯的踏步、踏步板、平台梁等侧面模板不另行计算,伸入墙内部分亦不增加。当整体楼梯与楼板无梯梁连接且无楼梯间时,以楼梯最后一个踏步边缘加 300mm 为界。

三、脚手架工程

1.综合脚手架面积按《重庆市房屋建筑与装饰工程计价定额》相应计算规则进行计算。

2.附着式电动整体提升架,按提升范围的外墙外边线长度乘以外墙高度以"m²"计算,不扣除门窗、洞口所占面积。

3.电动作业高空吊篮,按外墙垂直投影面积以"m²"计算,不扣除门窗、洞口所占面积。

四、垂直运输

垂直运输面积按《重庆市房屋建筑与装饰工程计价定额》相应计算规则进行计算。

五、超高施工增加

超高施工增加工程量按《重庆市房屋建筑与装饰工程计价定额》相应计算规则进行计算。

六、大型机械设备安拆及场外运输

大型机械设备安拆及场外运输,按使用机械设备的数量以"台次"计算。

E.1 后浇混凝土模板

工作内容:1.模板拼装。2.清理模板,刷隔离剂。3.拆除模板、维护、整理、堆放。　　　　　　　　　　　　　计量单位:100m²

定　额　编　号					ME0001	ME0002	ME0003
项　目　名　称					后浇混凝土模板		
					梁、柱接头	连接墙、柱	板带
综　合　单　价　(元)					**14240.02**	**6132.42**	**8487.44**
费用	其中	人　工　费　(元)			5034.00	2520.36	3028.32
		材　料　费　(元)			7257.84	2639.79	4287.81
		施工机具使用费　(元)			6.56	1.03	3.46
		企　业　管　理　费　(元)			1214.77	607.66	730.66
		利　　　润　(元)			651.24	325.76	391.71
		一　般　风　险　费　(元)			75.61	37.82	45.48
	编码	名　称	单位	单价(元)	消　　耗　　量		
人工	000300060	模板综合工	工日	120.00	41.950	21.003	25.236
材料	050303800	木材 锯材	m³	1581.00	1.790	0.640	0.758
	350100010	复合模板	m²	23.93	76.126	29.610	45.676
	330102000	钢支撑与配件	kg	6.81	275.168	37.820	137.917
	350300800	木支撑	m³	1623.93	0.116	0.093	0.463
	030113250	对拉螺栓	kg	5.56	—	36.132	—
	002000010	其他材料费	元	—	543.88	309.91	305.29
机械	990611010	干混砂浆罐式搅拌机 20000L	台班	232.40	0.020	—	0.010
	990706010	木工圆锯机 直径 500mm	台班	25.81	0.074	0.040	0.044

E.2 工具式模板

E.2.1 柱模板

工作内容:1.模板制作。2.模板安装、拆除、整理堆放及场内运输。3.清理模板粘结物及模内杂物、刷隔离剂、封堵孔洞等。　　　　　　　　　　　　　　　　　　　　　　　　　　　　　　计量单位:100m²

定　额　编　号					ME0004	ME0005	ME0006	ME0007
项　目　名　称					柱模板			柱支撑
					矩形柱	异形柱	圆形柱	高度超过3.6m,每增加1m
综　合　单　价　(元)					**5242.11**	**6618.88**	**9097.32**	**614.81**
费用	其中	人　工　费　(元)			2935.68	3843.60	5498.28	206.40
		材　料　费　(元)			889.09	978.98	1120.33	217.81
		施工机具使用费　(元)			206.84	227.95	260.45	80.20
		企　业　管　理　费　(元)			757.35	981.24	1387.85	69.07
		利　　　润　(元)			406.01	526.04	744.03	37.03
		一　般　风　险　费　(元)			47.14	61.07	86.38	4.30
	编码	名　称	单位	单价(元)	消　　耗　　量			
人工	000300060	模板综合工	工日	120.00	24.464	32.030	45.819	1.720
材料	350100320	铝模板	kg	17.08	33.600	37.970	42.336	—
	032140460	零星卡具	kg	6.67	20.330	21.350	25.616	14.670
	030500330	销钉销片	套	1.00	77.760	81.650	97.978	—
	330102030	斜支撑杆件 φ48×3.5	套	180.00	0.260	0.270	0.328	0.460
	030113250	对拉螺栓	kg	5.56	9.260	9.720	11.668	6.670
	002000010	其他材料费	元	—	3.56	3.75	4.48	0.08
机械	990401025	载重汽车 6t	台班	422.13	0.490	0.540	0.617	0.190

E.2.2 梁模板

工作内容：1.模板制作。2.模板安装、拆除、整理堆放及场内运输。3.清理模板粘结物及模内杂物、刷隔离剂、封堵孔洞等。

计量单位：100m²

定　额　编　号					ME0008	ME0009	ME0010	ME0011
项　目　名　称					梁模板			梁支撑
					矩形梁	异形梁	拱(弧)形梁	高度超过3.6m，每增加1m
综　合　单　价　（元）					**5007.63**	**6093.14**	**6576.64**	**440.05**
费用其中		人　工　费　（元）			2904.00	3610.80	3901.20	273.60
		材　料　费　（元）			774.50	857.57	920.09	43.52
		施工机具使用费　（元）			151.97	168.85	182.36	12.66
		企　业　管　理　费　（元）			736.49	910.90	984.14	68.99
		利　　　润　（元）			394.83	488.33	527.60	36.99
		一　般　风　险　费　（元）			45.84	56.69	61.25	4.29
	编码	名　称	单位	单价（元）	消	耗		量
人工	000300060	模板综合工	工日	120.00	24.200	30.090	32.510	2.280
材料	350100320	铝模板	kg	17.08	32.980	37.260	40.257	—
	030500330	销钉销片	套	1.00	75.600	79.380	85.765	—
	330102040	立支撑杆件φ48×3.5	套	150.00	0.880	0.920	0.951	0.290
	002000010	其他材料费	元	—	3.60	3.79	4.09	0.02
机械	990401025	载重汽车 6t	台班	422.13	0.360	0.400	0.432	0.030

E.2.3 墙模板

工作内容：1.模板制作。2.模板安装、拆除、整理堆放及场内运输。3.清理模板粘结物及模内杂物、刷隔离剂、封堵孔洞等。

计量单位：100m²

定　额　编　号					ME0012	ME0013	ME0014
项　目　名　称					墙模板		
					直形墙	弧形墙	墙支撑
							高度超过3.6m，每增加1m
综　合　单　价　（元）					**4804.93**	**5367.98**	**568.84**
费用其中		人　工　费　（元）			2640.00	3036.60	248.40
		材　料　费　（元）			861.49	837.74	142.89
		施工机具使用费　（元）			206.84	233.86	59.10
		企　业　管　理　费　（元）			686.09	788.18	74.11
		利　　　润　（元）			367.81	422.54	39.73
		一　般　风　险　费　（元）			42.70	49.06	4.61
	编码	名　称	单位	单价（元）	消	耗	量
人工	000300060	模板综合工	工日	120.00	22.000	25.305	2.070
材料	350100320	铝模板	kg	17.08	34.220	39.360	—
	030500330	销钉销片	套	1.00	79.200	91.097	—
	032140460	零星卡具	kg	6.67	20.220	0.288	11.330
	330102030	斜支撑杆件φ48×3.5	套	180.00	0.250	0.288	0.340
	030113250	对拉螺栓	kg	5.56	2.610	3.002	1.090
	002000010	其他材料费	元	—	3.43	3.92	0.06
机械	990401025	载重汽车 6t	台班	422.13	0.490	0.554	0.140

E.2.4 板模板

工作内容:1.模板制作。2.模板安装、拆除、整理堆放及场内运输。3.清理模板粘结物及模内杂物、刷隔离剂、封堵孔洞等。

计量单位:100m²

定 额 编 号					ME0015	ME0016
项 目 名 称					板模板	
					板	板支撑
						高度超过3.6m,每增加1m
综 合 单 价 (元)					**4790.31**	**469.02**
费用其中		人 工 费 (元)			2798.40	318.00
		材 料 费 (元)			721.00	28.52
		施 工 机 具 使 用 费 (元)			139.30	—
		企 业 管 理 费 (元)			707.99	76.64
		利 润 (元)			379.55	41.09
		一 般 风 险 费 (元)			44.07	4.77
	编码	名 称	单位	单价(元)	消 耗 量	
人工	000300060	模板综合工	工日	120.00	23.320	2.650
材料	350100320	铝模板	kg	17.08	32.670	—
	330102040	立支撑杆件 φ48×3.5	套	150.00	0.560	0.190
	030500330	销钉销片	套	1.00	75.600	—
	002000010	其他材料费	元	—	3.40	0.02
机械	990401025	载重汽车 6t	台班	422.13	0.330	—

E.2.5 其他构件模板

工作内容:1.模板制作。2.模板安装、拆除、整理堆放及场内运输。3.清理模板粘结物及模内杂物、刷隔离剂、封堵孔洞等。

计量单位:10m²

定 额 编 号					ME0017	ME0018
项 目 名 称					整体楼梯模板	
					直行楼梯	异形楼梯
综 合 单 价 (元)					**2048.91**	**2434.28**
费用其中		人 工 费 (元)			1210.80	1459.80
		材 料 费 (元)			295.68	330.88
		施 工 机 具 使 用 费 (元)			54.88	58.68
		企 业 管 理 费 (元)			305.03	365.95
		利 润 (元)			163.53	196.19
		一 般 风 险 费 (元)			18.99	22.78
	编码	名 称	单位	单价(元)	消 耗 量	
人工	000300060	模板综合工	工日	120.00	10.090	12.165
材料	350100320	铝模板	kg	17.08	13.890	15.728
	030500330	销钉销片	套	1.00	31.580	33.649
	330102040	立支撑杆件 φ48×3.5	套	150.00	0.170	0.181
	002000010	其他材料费	元	—	1.36	1.45
机械	990401025	载重汽车 6t	台班	422.13	0.130	0.139

E.3 脚手架工程

E.3.1 钢结构工程综合脚手架

E.3.1.1 厂(库)房钢结构工程

工作内容:1.场内、场外材料搬运。
　　　　　2.搭、拆脚手架、挡脚板、上下翻板子。
　　　　　3.拆除脚手架后材料的堆放。

计量单位:100m²

定 额 编 号					ME0019	ME0020
项 目 名 称					单层厂房	
					檐高(m)	
					≤6	每增加1
综 合 单 价 (元)					**517.83**	**110.25**
费用	其中	人 工 费 (元)			216.00	46.44
		材 料 费 (元)			186.13	38.87
		施 工 机 具 使 用 费 (元)			19.42	4.22
		企 业 管 理 费 (元)			61.44	13.22
		利 润 (元)			31.31	6.74
		一 般 风 险 费 (元)			3.53	0.76
	编码	名 称	单位	单价(元)	消 耗 量	
人工	000300090	架子综合工	工日	120.00	1.800	0.387
材料	050100500	原木	m³	1004.00	0.001	—
	120103300	防滑木条	m³	1521.37	0.001	—
	350300700	木脚手板	m³	1521.37	0.035	0.007
	052500900	挡脚板	m³	1521.37	0.003	0.001
	130500701	红丹防锈漆	kg	12.39	1.326	0.308
	140500800	油漆溶剂油	kg	3.04	0.115	0.027
	350300100	脚手架钢管	kg	4.04	13.437	3.053
	010500610	钢丝绳 φ8	m	1.77	0.084	0.020
	010302390	镀锌铁丝 φ4	kg	3.08	4.014	0.682
	030190010	圆钉综合	kg	6.60	1.364	0.090
	350300300	脚手架钢管底座	个	3.42	0.069	0.012
	350301110	扣件	套	6.00	5.441	1.273
	050303210	垫木 60×60×60	块	0.56	0.586	0.100
机械	990401025	载重汽车 6t	台班	422.13	0.046	0.010

工作内容: 1.场内、场外材料搬运。
2.搭、拆脚手架、挡脚板、上下翻板子。
3.拆除脚手架后材料的堆放。

计量单位:100m²

定 额 编 号					ME0021	ME0022
项 目 名 称					多层厂房	
					檐高20m以内、层高6m内	每增加1m
综 合 单 价 (元)					**606.72**	**151.72**
费用 其 中		人 工 费 (元)			279.96	89.88
		材 料 费 (元)			168.84	20.92
		施 工 机 具 使 用 费 (元)			30.82	2.95
		企 业 管 理 费 (元)			81.11	24.23
		利 润 (元)			41.33	12.35
		一 般 风 险 费 (元)			4.66	1.39
	编码	名 称	单位	单价(元)	消 耗 量	
人工	000300090	架子综合工	工日	120.00	2.333	0.749
材 料	050100500	原木	m³	1004.00	0.001	—
	052500900	挡脚板	m³	1521.37	0.002	0.001
	120103300	防滑木条	m³	1521.37	0.001	—
	350300700	木脚手板	m³	1521.37	0.032	0.005
	130500701	红丹防锈漆	kg	12.39	1.016	0.230
	140500800	油漆溶剂油	kg	3.04	0.096	0.020
	350300100	脚手架钢管	kg	4.04	10.388	0.288
	350301110	扣件	套	6.00	4.180	0.950
	350300300	脚手架钢管底座	个	3.42	0.050	0.009
	010302390	镀锌铁丝 φ4	kg	3.08	3.616	0.477
	030190010	圆钉综合	kg	6.60	3.487	0.063
	010500610	钢丝绳 φ8	m	1.77	0.060	0.027
	050303210	垫木 60×60×60	块	0.56	0.417	0.093
机械	990401025	载重汽车 6t	台班	422.13	0.073	0.007

E.3.1.2 住宅钢结构工程

工作内容:1.场内、场外材料搬运。
2.搭、拆脚手架、挡脚板、上下翻板子。
3.拆除脚手架后材料的堆放。
4.挂安全网。

计量单位:100m²

定 额 编 号					ME0023	ME0024	ME0025	ME0026
项 目 名 称					檐高(m)			
					≤20	≤30	≤40	≤50
综 合 单 价 (元)					1837.29	2159.97	2454.56	2657.50
费用	其中	人 工 费 (元)			864.00	1008.00	1188.00	1278.00
		材 料 费 (元)			479.76	590.75	685.91	760.47
		施工机具使用费 (元)			105.53	112.71	75.14	76.83
		企 业 管 理 费 (元)			248.20	286.90	323.36	346.84
		利 润 (元)			125.26	144.80	163.20	175.04
		一 般 风 险 费 (元)			14.54	16.81	18.95	20.32
	编码	名 称	单位	单价(元)	消 耗 量			
人工	000300090	架子综合工	工日	120.00	7.200	8.400	9.900	10.650
材料	050100500	原木	m³	1004.00	0.002	0.003	0.003	0.002
	052500900	挡脚板	m³	1521.37	0.005	0.005	0.005	0.006
	120103300	防滑木条	m³	1521.37	0.001	0.001	0.001	0.001
	350300700	木脚手板	m³	1521.37	0.080	0.093	0.088	0.097
	030190010	圆钉综合	kg	6.60	3.534	3.665	2.752	2.345
	010302390	镀锌铁丝 φ4	kg	3.08	7.919	8.438	8.492	8.370
	010500610	钢丝绳 φ8	m	1.77	0.222	0.517	0.604	0.602
	010500810	钢丝绳 φ12.5	m	3.98	—	—	0.350	0.524
	010900033	圆钢 φ15~24	kg	3.70	—	—	3.354	3.774
	011300020	扁钢 综合	kg	4.00	—	—	0.672	0.756
	011900320	槽钢 >18#	kg	4.10	—	—	17.202	19.352
	030180920	花篮螺栓 M6×250	个	4.27	—	—	0.062	0.070
	130500701	红丹防锈漆	kg	12.39	2.909	3.823	4.191	4.703
	140500800	油漆溶剂油	kg	3.04	0.252	0.335	0.344	0.384
	010100310	钢筋 φ10 以内	kg	3.79			0.025	0.038
	170101650	钢管 D63	kg	4.93	—	—	0.188	0.212
	182501750	钢管卡子	副	3.80	—	—	0.250	0.375
	350300100	脚手架钢管	kg	4.04	31.775	40.427	40.254	45.155
	350301110	扣件	套	6.00	12.744	16.602	16.631	18.661
	350500100	安全网	m²	8.97	6.227	8.180	9.850	11.270
	350300300	脚手架钢管底座	个	3.42	0.170	0.175	0.140	0.158
	840201040	预拌混凝土 C20	m³	267.00	—	—	0.001	0.001
	050303210	垫木 60×60×60	块	0.56	1.286	1.305	1.052	1.184
	030193317	顶丝卡	个	0.26			0.672	0.756
机械	990401025	载重汽车 6t	台班	422.13	0.250	0.267	0.178	0.182

工作内容：1.场内、场外材料搬运。
2.搭、拆脚手架、挡脚板、上下翻板子。
3.拆除脚手架后材料的堆放。
4.挂安全网。

计量单位：100m²

定 额 编 号					ME0027	ME0028	ME0029	ME0030
项 目 名 称					檐高(m)			
					≤70	≤90	≤110	≤120
综 合 单 价 (元)					2841.54	3048.15	3520.96	3589.04
费用	其中	人 工 费 (元)			1344.00	1404.00	1656.00	1694.40
		材 料 费 (元)			852.10	970.56	1090.52	1104.84
		施工机具使用费 (元)			76.83	79.78	79.78	79.78
		企 业 管 理 费 (元)			363.73	379.85	444.36	454.19
		利 润 (元)			183.57	191.70	224.26	229.22
		一 般 风 险 费 (元)			21.31	22.26	26.04	26.61
	编码	名 称	单位	单价(元)	消 耗 量			
人工	000300090	架子综合工	工日	120.00	11.200	11.700	13.800	14.120
材料	330103500	提升装置及架体	套	3504.27	0.009	0.009	0.009	0.009
	050100500	原木	m³	1004.00	0.002	0.003	0.003	0.003
	052500900	挡脚板	m³	1521.37	0.006	0.006	0.007	0.007
	120103300	防滑木条	m³	1521.37	0.001	0.001	0.001	0.001
	011900320	槽钢 >18#	kg	4.10	16.597	19.356	21.116	19.356
	010100310	钢筋 φ10 以内	kg	3.79	0.032	0.038	0.031	0.038
	012903660	钢脚手板	kg	37.58	0.605	0.605	0.605	0.605
	010302390	镀锌铁丝 φ4	kg	3.08	7.444	7.822	7.899	7.896
	011300020	扁钢 综合	kg	4.00	0.646	0.756	1.268	1.661
	010500610	钢丝绳 φ8	m	1.77	0.551	0.670	0.999	1.089
	010500810	钢丝绳 φ12.5	m	3.98	0.449	0.524	0.571	0.574
	010900033	圆钢 φ15~24	kg	3.70	3.236	3.775	4.118	3.775
	050303210	垫木 60×60×60	块	0.56	2.989	3.626	4.456	4.587
	030180920	花篮螺栓 M6×250	个	4.27	0.060	0.070	0.077	0.070
	030190010	圆钉综合	kg	6.60	2.196	2.238	2.261	2.276
	030193317	顶丝卡	个	0.26	0.648	0.756	0.824	0.756
	350300700	木脚手板	m³	1521.37	0.098	0.110	0.118	0.120
	130500701	红丹防锈漆	kg	12.39	6.459	8.390	9.337	9.784
	140500800	油漆溶剂油	kg	3.04	0.443	0.536	0.666	0.700
	170101650	钢管 D63	kg	4.93	0.182	0.212	0.355	0.465
	182501750	钢管卡子	副	3.80	0.241	0.281	0.306	0.281
	350300100	脚手架钢管	kg	4.04	50.631	59.286	71.330	72.973
	350300300	脚手架钢管底座	个	3.42	0.137	0.137	0.137	0.134
	350301110	扣件	套	6.00	21.118	25.047	30.464	31.325
	350500100	安全网	m²	8.97	10.690	10.690	10.690	10.690
	840201040	预拌混凝土 C20	m³	267.00	0.001	0.001	0.001	0.001
机械	990401025	载重汽车 6t	台班	422.13	0.182	0.189	0.189	0.189

工作内容:1.场内、场外材料搬运。
2.搭、拆脚手架、挡脚板、上下翻板子。
3.拆除脚手架后材料的堆放。
4.挂安全网。

计量单位:100m²

定 额 编 号					ME0031	ME0032	ME0033	ME0034
项 目 名 称					檐高(m)			
					≤130	≤140	≤150	≤160
综 合 单 价 (元)					3687.10	3711.58	3747.05	4007.83
费用	其中	人 工 费 (元)			1722.00	1725.60	1728.00	1872.00
		材 料 费 (元)			1164.24	1183.68	1215.79	1273.76
		施工机具使用费 (元)			79.78	79.78	79.78	80.63
		企 业 管 理 费 (元)			461.26	462.18	462.79	499.87
		利 润 (元)			232.79	233.26	233.57	252.28
		一 般 风 险 费 (元)			27.03	27.08	27.12	29.29
	编码	名 称	单位	单价(元)	消 耗 量			
人工	000300090	架子综合工	工日	120.00	14.350	14.380	14.400	15.600
材料	330103500	提升装置及架体	套	3504.27	0.009	0.009	0.009	0.009
	120103300	防滑木条	m³	1521.37	0.001	0.001	0.001	0.001
	052500900	挡脚板	m³	1521.37	0.008	0.008	0.008	0.008
	350300700	木脚手板	m³	1521.37	0.124	0.126	0.130	0.133
	050100500	原木	m³	1004.00	0.003	0.003	0.004	0.004
	130500701	红丹防锈漆	kg	12.39	10.838	11.344	12.265	13.260
	012903660	钢脚手板	kg	37.58	0.605	0.605	0.605	0.605
	010302390	镀锌铁丝 φ4	kg	3.08	8.027	8.005	8.062	8.113
	010500610	钢丝绳 φ8	m	1.77	1.188	1.296	1.061	1.543
	010500810	钢丝绳 φ12.5	m	3.98	0.604	0.561	0.524	0.590
	030180920	花篮螺栓 M6×250	个	4.27	0.081	0.075	0.070	0.079
	010900033	圆钢 φ15~24	kg	3.70	4.357	4.045	3.775	4.248
	030193317	顶丝卡	个	0.26	0.872	0.810	0.756	0.851
	050303210	垫木 60×60×60	块	0.56	4.771	4.897	5.055	5.212
	011300020	扁钢 综合	kg	4.00	2.237	3.483	4.259	6.452
	011900320	槽钢 >18#	kg	4.10	22.339	20.738	19.356	21.780
	010100310	钢筋 φ10 以内	kg	3.79	0.043	0.040	0.038	0.032
	030190010	圆钉综合	kg	6.60	2.315	2.332	2.364	2.399
	140500800	油漆溶剂油	kg	3.04	0.777	0.856	0.950	1.057
	170101650	钢管 D63	kg	4.93	0.626	0.975	1.193	1.807
	182501750	钢管卡子	副	3.80	0.324	0.301	0.281	0.316
	350300100	脚手架钢管	kg	4.04	75.774	77.259	79.447	81.584
	350300300	脚手架钢管底座	个	3.42	0.132	0.129	0.127	0.125
	350301110	扣件	套	6.00	32.723	33.543	34.696	35.841
	350500100	安全网	m²	8.97	10.690	10.690	10.690	10.690
	840201040	预拌混凝土 C20	m³	267.00	0.001	0.001	0.002	0.002
机械	990401025	载重汽车 6t	台班	422.13	0.189	0.189	0.189	0.191

工作内容: 1.场内、场外材料搬运。
2.搭、拆脚手架、挡脚板、上下翻板子。
3.拆除脚手架后材料的堆放。
4.挂安全网。

计量单位:100m²

定 额 编 号					ME0035	ME0036	ME0037	ME0038
项 目 名 称					檐高(m)			
					≤170	≤180	≤190	≤200
综 合 单 价 (元)					**4232.41**	**4470.81**	**4622.24**	**4710.74**
费用	其中	人 工 费 (元)			1956.00	2100.00	2184.00	2194.32
		材 料 费 (元)			1380.72	1417.49	1451.31	1525.36
		施工机具使用费 (元)			80.63	80.63	80.63	80.63
		企 业 管 理 费 (元)			521.38	558.24	579.74	582.39
		利 润 (元)			263.13	281.74	292.59	293.92
		一 般 风 险 费 (元)			30.55	32.71	33.97	34.12
	编码	名 称	单位	单价(元)	消 耗 量			
人工	000300090	架子综合工	工日	120.00	16.300	17.500	18.200	18.286
材料	330103500	提升装置及架体	套	3504.27	0.009	0.009	0.009	0.009
	052500900	挡脚板	m³	1521.37	0.008	0.008	0.008	0.008
	120103300	防滑木条	m³	1521.37	0.001	0.001	0.001	0.001
	050100500	原木	m³	1004.00	0.004	0.004	0.004	0.004
	350300700	木脚手板	m³	1521.37	0.137	0.140	0.144	0.147
	130500701	红丹防锈漆	kg	12.39	19.215	15.674	17.070	18.619
	350301110	扣件	套	6.00	37.044	38.246	39.449	40.649
	350300100	脚手架钢管	kg	4.04	83.812	85.998	88.145	90.243
	010100310	钢筋 φ10 以内	kg	3.79	0.030	0.033	0.031	0.029
	010302390	镀锌铁丝 φ4	kg	3.08	8.172	8.226	8.276	8.322
	010500610	钢丝绳 φ8	m	1.77	1.684	1.837	2.004	2.186
	010500810	钢丝绳 φ12.5	m	3.98	0.555	0.612	0.579	0.550
	011300020	扁钢 综合	kg	4.00	9.458	12.740	18.296	25.460
	011900320	槽钢 >18#	kg	4.10	20.496	30.067	21.395	20.323
	012903660	钢脚手板	kg	37.58	0.605	0.605	0.605	0.605
	030180920	花篮螺栓 M6×250	个	4.27	0.074	0.082	0.077	0.074
	010900033	圆钢 φ15~24	kg	3.70	3.998	4.404	4.173	3.964
	030190010	圆钉综合	kg	6.60	2.438	2.481	2.528	2.578
	030193317	顶丝卡	个	0.26	0.800	0.882	0.836	0.794
	050303210	垫木 60×60×60	块	0.56	5.374	5.536	5.696	5.856
	140500800	油漆溶剂油	kg	3.04	1.179	1.317	1.474	1.653
	170101650	钢管 D63	kg	4.93	2.648	3.567	5.120	7.129
	182501750	钢管卡子	副	3.80	0.297	0.328	0.310	0.295
	350300300	脚手架钢管底座	个	3.42	0.123	0.121	0.120	0.118
	350500100	安全网	m²	8.97	10.690	10.690	10.690	10.690
	840201040	预拌混凝土 C20	m³	267.00	0.002	0.002	0.002	0.002
机械	990401025	载重汽车 6t	台班	422.13	0.191	0.191	0.191	0.191

E.3.2 工具式脚手架

E.3.2.1 附着式电动整体提升架

工作内容:1.场内、场外材料搬运。
2.选择附墙点与主体连接。
3.搭、拆脚手架。
4.测试电动装置、安全锁等。
5.拆除脚手架后材料的堆放。

计量单位:100m²

<table>
<tr><td colspan="4">定　额　编　号</td><td colspan="2">ME0039</td></tr>
<tr><td colspan="4">项　目　名　称</td><td colspan="2">电动整体提升架</td></tr>
<tr><td colspan="4">综　合　单　价（元）</td><td colspan="2">2734.92</td></tr>
<tr><td rowspan="6">费
用</td><td rowspan="6">其
中</td><td colspan="2">人　工　费　（元）</td><td colspan="2">1414.04</td></tr>
<tr><td colspan="2">材　料　费　（元）</td><td colspan="2">653.39</td></tr>
<tr><td colspan="2">施工机具使用费（元）</td><td colspan="2">88.65</td></tr>
<tr><td colspan="2">企 业 管 理 费 （元）</td><td colspan="2">362.15</td></tr>
<tr><td colspan="2">利　　润　　（元）</td><td colspan="2">194.15</td></tr>
<tr><td colspan="2">一 般 风 险 费 （元）</td><td colspan="2">22.54</td></tr>
<tr><td>编　码</td><td>名　　称</td><td>单位</td><td>单价(元)</td><td colspan="2">消　耗　量</td></tr>
<tr><td>人工 000300010</td><td>建筑综合工</td><td>工日</td><td>115.00</td><td colspan="2">12.296</td></tr>
<tr><td rowspan="5">材

料</td><td>330103500 提升装置及架体</td><td>套</td><td>3504.27</td><td colspan="2">0.090</td></tr>
<tr><td>350300700 木脚手板</td><td>m³</td><td>1521.37</td><td colspan="2">0.060</td></tr>
<tr><td>012903660 钢脚手板</td><td>kg</td><td>37.58</td><td colspan="2">6.150</td></tr>
<tr><td>010302390 镀锌铁丝 φ4</td><td>kg</td><td>3.08</td><td colspan="2">4.980</td></tr>
<tr><td>010500610 钢丝绳 φ8</td><td>m</td><td>1.77</td><td colspan="2">0.150</td></tr>
<tr><td>机械 990401025</td><td>载重汽车 6t</td><td>台班</td><td>422.13</td><td colspan="2">0.210</td></tr>
</table>

E.3.2.2 电动高空作业吊篮

工作内容:1.场内、场外材料搬运。
2.吊篮的安装。
3.测试电动装置、安全锁、平衡控制器等。
4.吊篮的拆卸。

计量单位:100m²

<table>
<tr><td colspan="4">定　额　编　号</td><td colspan="2">ME0040</td></tr>
<tr><td colspan="4">项　目　名　称</td><td colspan="2">电动高空作业吊篮</td></tr>
<tr><td colspan="4">综　合　单　价（元）</td><td colspan="2">259.63</td></tr>
<tr><td rowspan="6">费

用</td><td rowspan="6">其

中</td><td colspan="2">人　工　费　（元）</td><td colspan="2">182.39</td></tr>
<tr><td colspan="2">材　料　费　（元）</td><td colspan="2">—</td></tr>
<tr><td colspan="2">施工机具使用费（元）</td><td colspan="2">5.04</td></tr>
<tr><td colspan="2">企 业 管 理 费 （元）</td><td colspan="2">45.17</td></tr>
<tr><td colspan="2">利　　润　　（元）</td><td colspan="2">24.22</td></tr>
<tr><td colspan="2">一 般 风 险 费 （元）</td><td colspan="2">2.81</td></tr>
<tr><td>编　码</td><td>名　　称</td><td>单位</td><td>单价(元)</td><td colspan="2">消　耗　量</td></tr>
<tr><td>人工 000300010</td><td>建筑综合工</td><td>工日</td><td>115.00</td><td colspan="2">1.586</td></tr>
<tr><td>机 990401025</td><td>载重汽车 6t</td><td>台班</td><td>422.13</td><td colspan="2">0.010</td></tr>
<tr><td>械 990508020</td><td>电动吊篮 0.63t</td><td>台班</td><td>48.20</td><td colspan="2">0.017</td></tr>
</table>

E.4 垂直运输

E.4.1 装配式混凝土结构工程

E.4.1.1 单层

工作内容:单位工程合理工期内完成全部工程所需要的垂直运输全部操作过程。　　　　　　　　　　计量单位:100m²

定　额　编　号						ME0041	ME0042
项　目　名　称						檐高(m以内)	
						20	
						40%≤预制率<60%	预制率≥60%
综　合　单　价　(元)						**3347.95**	**3559.09**
费用	其中		人　　工　　费　(元)			370.07	390.54
			材　　料　　费　(元)			—	—
			施工机具使用费　(元)			2046.88	2178.83
			企　业　管　理　费　(元)			582.48	619.22
			利　　　润　(元)			312.27	331.96
			一　般　风　险　费　(元)			36.25	38.54
	编码	名　　称		单位	单价(元)	消　耗　量	
人工	000300010	建筑综合工		工日	115.00	3.218	3.396
机	873150102	对讲机(一对)		台班	4.16	1.950	2.756
	990304020	汽车式起重机 20t		台班	968.56	0.283	0.315
械	990306025	自升式塔式起重机 1250kN·m		台班	712.42	2.477	2.614

E.4.1.2 多、高层

工作内容:单位工程合理工期内完成全部工程所需要的垂直运输全部操作过程。　　　　　　　　　　计量单位:100m²

定　额　编　号						ME0043	ME0044	ME0045	ME0046	ME0047	ME0048
项　目　名　称						檐高(m以内)					
						30			40		
						20%≤预制率<40%	40%≤预制率<60%	预制率≥60%	20%≤预制率<40%	40%≤预制率<60%	预制率≥60%
综　合　单　价　(元)						**2978.79**	**3153.82**	**3328.69**	**3424.61**	**3625.59**	**3827.12**
费用	其中		人　　工　　费　(元)			179.29	189.87	200.33	282.33	298.89	315.56
			材　　料　　费　(元)			—	—	—	—	—	—
			施工机具使用费　(元)			1971.15	2086.93	2202.71	2189.96	2318.49	2447.31
			企　业　管　理　费　(元)			518.25	548.71	579.13	595.82	630.79	665.85
			利　　　润　(元)			277.84	294.16	310.47	319.42	338.16	356.96
			一　般　风　险　费　(元)			32.26	34.15	36.05	37.08	39.26	41.44
	编码	名　　称		单位	单价(元)	消　　耗　　　量					
人工	000300010	建筑综合工		工日	115.00	1.559	1.651	1.742	2.455	2.599	2.744
机	873150102	对讲机(一对)		台班	4.16	2.106	2.230	2.354	2.340	2.478	2.615
	990306030	自升式塔式起重机 1500kN·m		台班	770.01	1.975	2.091	2.207	2.194	2.323	2.452
械	990506010	单笼施工电梯 1t 提升高度75m		台班	298.19	1.481	1.568	1.655	1.646	1.742	1.839

工作内容:单位工程合理工期内完成全部工程所需要的垂直运输全部操作过程。　　　　　　　　　　　　　　　　　　　　　　**计量单位:**100m²

定　额　编　号						ME0049	ME0050	ME0051	ME0052	ME0053	ME0054
项　目　名　称						檐高(m以内)					
						70			100		
						20%≤预制率<40%	40%≤预制率<60%	预制率≥60%	20%≤预制率<40%	40%≤预制率<60%	预制率≥60%
综　合　单　价　(元)						**4062.43**	**4300.77**	**4540.71**	**4886.94**	**5174.28**	**5461.78**
费用	其中	人　工　费　(元)				407.68	431.71	455.63	544.18	576.15	608.24
		材　料　费　(元)				—	—	—	—	—	—
		施工机具使用费　(元)				2525.06	2673.09	2822.39	2983.79	3159.26	3334.72
		企　业　管　理　费　(元)				706.79	748.26	790.00	850.24	900.23	950.25
		利　　润　(元)				378.91	401.14	423.52	455.81	482.61	509.43
		一　般　风　险　费　(元)				43.99	46.57	49.17	52.92	56.03	59.14
	编码	名　　称	单位	单价(元)		消　　耗　　量					
人工	000300010	建筑综合工	工日	115.00		3.545	3.754	3.962	4.732	5.010	5.289
机械	873150102	对讲机(一对)	台班	4.16		2.867	3.036	3.204	3.294	3.488	3.681
	990306030	自升式塔式起重机 1500kN·m	台班	770.01		2.097	2.220	2.344	—	—	—
	990306035	自升式塔式起重机 2500kN·m	台班	966.46		—	—	—	2.059	2.180	2.301
	990507020	双笼施工电梯 2×1t 提升高度100m	台班	510.76		1.759	1.862	1.966	1.919	2.032	2.145

工作内容:单位工程合理工期内完成全部工程所需要的垂直运输全部操作过程。　　　　　　　　　　　　　　　　　　　　　　**计量单位:**100m²

定　额　编　号						ME0055	ME0056	ME0057
项　目　名　称						檐高(m以内)		
						130		
						20%≤预制率<40%	40%≤预制率<60%	预制率≥60%
综　合　单　价　(元)						**5407.07**	**5724.29**	**6043.83**
费用	其中	人　工　费　(元)				583.17	617.44	651.82
		材　料　费　(元)				—	—	—
		施工机具使用费　(元)				3320.29	3515.03	3711.32
		企　业　管　理　费　(元)				940.73	995.92	1051.52
		利　　润　(元)				504.33	533.91	563.72
		一　般　风　险　费　(元)				58.55	61.99	65.45
	编码	名　　称	单位	单价(元)		消　　耗　　量		
人工	000300010	建筑综合工	工日	115.00		5.071	5.369	5.668
机械	873150102	对讲机(一对)	台班	4.16		3.472	3.677	3.881
	990306035	自升式塔式起重机 2500kN·m	台班	966.46		2.030	2.149	2.269
	990507040	双笼施工电梯 2×1t 提升高度200m	台班	580.03		2.317	2.453	2.590

E.4.2　住宅钢结构工程

工作内容:单位工程合理工期内完成全部工程所需要的垂直运输全部操作过程。　　　　　　　　　　　　　　**计量单位:**100m²

	定　额　编　号				ME0058	ME0059	ME0060	ME0061
	项　目　名　称				檐高(m)			
					≤20	≤30	≤40	≤70
	综　合　单　价　(元)				2441.93	2712.93	3197.82	3715.91
费用	其中	人　工　费　(元)			471.96	524.40	529.00	532.68
		材　料　费　(元)			—	—	—	—
		施工机具使用费　(元)			1272.03	1413.13	1754.83	2121.16
		企　业　管　理　费　(元)			446.46	496.01	584.66	679.38
		利　　　润　　(元)			225.32	250.33	295.07	342.88
		一　般　风　险　费　(元)			26.16	29.06	34.26	39.81
	编码	名　　称	单位	单价(元)	消　　耗　　量			
人工	000300010	建筑综合工	工日	115.00	4.104	4.560	4.600	4.632
机械	873150102	对讲机(一对)	台班	4.16	1.642	1.824	2.314	2.648
	990306005	自升式塔式起重机 400kN·m	台班	522.09	1.642	1.824	—	—
	990306010	自升式塔式起重机 600kN·m	台班	545.50	—	—	1.395	—
	990306015	自升式塔式起重机 800kN·m	台班	593.18	—	—	—	1.657
	990506010	单笼施工电梯 1t 提升高度 75m	台班	298.19	1.368	1.520	—	—
	990507020	双笼施工电梯 2×1t 提升高度 100m	台班	510.76	—	—	1.927	2.207

工作内容:单位工程合理工期内完成全部工程所需要的垂直运输全部操作过程。　　　　　　　　　　　　　　**计量单位:**100m²

	定　额　编　号				ME0062	ME0063	ME0064	ME0065
	项　目　名　称				檐高(m)			
					≤100	≤140	≤170	≤200
	综　合　单　价　(元)				4002.72	4677.12	5300.01	5873.15
费用	其中	人　工　费　(元)			552.00	596.97	637.68	644.00
		材　料　费　(元)			—	—	—	—
		施工机具使用费　(元)			2306.68	2743.36	3147.50	3550.51
		企　业　管　理　费　(元)			731.82	855.12	969.01	1073.79
		利　　　润　　(元)			369.34	431.57	489.04	541.93
		一　般　风　险　费　(元)			42.88	50.10	56.78	62.92
	编码	名　　称	单位	单价(元)	消　　耗　　量			
人工	000300010	建筑综合工	工日	115.00	4.800	5.191	5.545	5.600
机械	873150102	对讲机(一对)	台班	4.16	2.656	3.030	3.005	3.272
	990306020	自升式塔式起重机 1000kN·m	台班	689.89	1.604	1.816	—	—
	990306035	自升式塔式起重机 2500kN·m	台班	966.46	—	—	1.744	—
	990306040	自升式塔式起重机 3000kN·m	台班	1075.81	—	—	—	1.819
	990507020	双笼施工电梯 2×1t 提升高度 100m	台班	510.76	2.328	—	—	—
	990507040	双笼施工电梯 2×1t 提升高度 200m	台班	580.03	—	2.548	2.499	2.724

E.4.3 装配式钢-混组合结构工程

工作内容: 单位工程合理工期内完成全部工程所需要的垂直运输全部操作过程。　　　　　　计量单位:100m²

定　额　编　号					ME0066	ME0067	ME0068	ME0069
项　目　名　称					檐高(m以内)			
					20	30	40	70
综　合　单　价　(元)					3018.89	2802.69	3223.05	3823.55
费用	其中	人　工　费　(元)			328.90	168.71	265.65	383.76
		材　料　费　(元)			—	—	—	—
		施工机具使用费　(元)			1850.49	1854.60	2061.13	2376.53
		企　业　管　理　费　(元)			525.23	487.62	560.75	665.23
		利　　润　(元)			281.58	261.41	300.62	356.63
		一　般　风　险　费　(元)			32.69	30.35	34.90	41.40
	编码	名　称	单位	单价(元)	消　　耗　　量			
人工	000300010	建筑综合工	工日	115.00	2.860	1.467	2.310	3.337
机械	873150102	对讲机(一对)	台班	4.16	1.836	1.982	2.202	2.698
	990304020	汽车式起重机 20t	台班	968.56	0.283	—	—	—
	990306025	自升式塔式起重机 1250kN·m	台班	712.42	2.202	—	—	—
	990306030	自升式塔式起重机 1500kN·m	台班	770.01	—	1.858	2.065	1.974
	990506010	单笼施工电梯 1t 提升高度75m	台班	298.19	—	1.394	1.549	—
	990507020	双笼施工电梯 2×1t 提升高度100m	台班	510.76	—	—	—	1.655

工作内容: 单位工程合理工期内完成全部工程所需要的垂直运输全部操作过程。　　　　　　计量单位:100m²

定　额　编　号					ME0070	ME0071	ME0072	ME0073
项　目　名　称					檐高(m以内)			
					100	140	170	200
综　合　单　价　(元)					4599.61	5407.07	5774.80	6338.02
费用	其中	人　工　费　(元)			512.21	583.17	568.45	599.61
		材　料　费　(元)			—	—	—	—
		施工机具使用费　(元)			2808.33	3320.29	3600.48	3975.92
		企　业　管　理　费　(元)			800.25	940.73	1004.71	1102.70
		利　　润　(元)			429.01	504.33	538.63	591.16
		一　般　风　险　费　(元)			49.81	58.55	62.53	68.63
	编码	名　称	单位	单价(元)	消　　耗　　量			
人工	000300010	建筑综合工	工日	115.00	4.454	5.071	4.943	5.214
机械	873150102	对讲机(一对)	台班	4.16	3.100	3.472	3.353	3.404
	990306035	自升式塔式起重机 2500kN·m	台班	966.46	1.938	2.030	2.192	2.396
	990507020	双笼施工电梯 2×1t 提升高度100m	台班	510.76	1.806	—	—	—
	990507040	双笼施工电梯 2×1t 提升高度200m	台班	580.03	—	2.317	2.531	2.838

E.4.4 装配式木结构工程

E.4.4.1 单层

工作内容:单位工程合理工期内完成全部工程所需要的垂直运输全部操作过程。　　　　　　　　　　　　计量单位:100m²

定　额　编　号					ME0074
项　目　名　称					檐高(20m 以内)
综　合　单　价（元）					**1443.77**
费用	其中	人　工　费　（元）			180.32
		材　料　费　（元）			—
		施工机具使用费　（元）			861.97
		企业管理费　（元）			251.19
		利　润　（元）			134.66
		一般风险费　（元）			15.63
	编码	名　称	单位	单价(元)	消　耗　量
人工	000300010	建筑综合工	工日	115.00	1.568
机械	990306005	自升式塔式起重机 400kN·m	台班	522.09	1.651

E.4.4.2 多层

工作内容:单位工程合理工期内完成全部工程所需要的垂直运输全部操作过程。　　　　　　　　　　　　计量单位:100m²

定　额　编　号					ME0075
项　目　名　称					檐高(30m 以内)
综　合　单　价（元）					**1623.57**
费用	其中	人　工　费　（元）			126.50
		材　料　费　（元）			—
		施工机具使用费　（元）			1045.59
		企业管理费　（元）			282.47
		利　润　（元）			151.43
		一般风险费　（元）			17.58
	编码	名　称	单位	单价(元)	消　耗　量
人工	000300010	建筑综合工	工日	115.00	1.100
机械	873150102	对讲机(一对)	台班	4.16	1.487
	990306005	自升式塔式起重机 400kN·m	台班	522.09	1.394
	990506010	单笼施工电梯 1t提升高度 75m	台班	298.19	1.045

E.5 超高施工增加

工作内容:1.工人上下班降低工效、上下楼及自然休息增加时间。2.垂直运输影响的时间。3.由于人工降效引起的机械降效。4.高层施工用水加压水泵台班。

计量单位:100m²

定　额　编　号					ME0076	ME0077	ME0078	ME0079
项　目　名　称					檐高(m以内)			
					40	60	80	100
综　合　单　价　(元)					2734.67	3263.46	3822.78	4364.88
费用中	其中	人　工　费　(元)			1962.59	2289.54	2655.70	3002.31
		材　料　费　(元)			—	—	—	—
		施工机具使用费　(元)			11.85	68.52	108.53	156.79
		企　业　管　理　费　(元)			475.64	566.46	662.28	754.40
		利　　润　(元)			254.99	303.68	355.05	404.43
		一　般　风　险　费　(元)			29.60	35.26	41.22	46.95
	编码	名　称	单位	单价(元)	消　耗　量			
人工	000300010	建筑综合工	工日	115.00	17.066	19.909	23.093	26.107
机械	990803010	电动多级离心清水泵 出口直径50mm 扬程50m	台班	50.56	0.218	—	—	—
	990803020	电动多级离心清水泵 出口直径100mm 扬程120m以下	台班	154.20	—	0.395	0.599	0.830
	002000190	其他机械降效费	元	—	0.83	7.61	16.16	28.80

工作内容:1.工人上下班降低工效、上下楼及自然休息增加时间。2.垂直运输影响的时间。3.由于人工降效引起的机械降效。4.高层施工用水加压水泵台班。

计量单位:100m²

定　额　编　号					ME0080	ME0081	ME0082
项　目　名　称					檐高(m以内)		
					140	170	200
综　合　单　价　(元)					4885.61	5446.92	6558.62
费用中	其中	人　工　费　(元)			3107.19	3342.48	3815.70
		材　料　费　(元)			—	—	—
		施工机具使用费　(元)			450.55	640.65	1009.49
		企　业　管　理　费　(元)			830.78	915.82	1084.52
		利　　润　(元)			445.38	490.97	581.41
		一　般　风　险　费　(元)			51.71	57.00	67.50
	编码	名　称	单位	单价(元)	消　耗　量		
人工	000300010	建筑综合工	工日	115.00	27.019	29.065	33.180
机械	990803040	电动多级离心清水泵 出口直径150mm 扬程180m以下	台班	263.60	1.290	1.736	—
	990803060	电动多级离心清水泵 出口直径200mm 扬程280m以下	台班	326.06	—	—	2.099
	002000190	其他机械降效费	元	—	110.51	183.04	325.09

E.6 大型机械设备进出场及安拆

E.6.1 大型机械设备安拆

工作内容:1.机械运至现场后的安装、试运转。2.工程竣工后拆除。　　　　　　　　　　计量单位:台次

定 额 编 号					ME0083	ME0084
项 目 名 称					自升式塔式起重机安拆	
					2500kN·m 以内	3000kN·m 以内
综 合 单 价 (元)					**85726.04**	**113995.75**
费用	其中	人 工 费 (元)			36432.00	48576.00
		材 料 费 (元)			308.44	336.48
		施 工 机 具 使 用 费 (元)			25232.45	33476.60
		企 业 管 理 费 (元)			14861.13	19774.68
		利 润 (元)			7967.05	10601.20
		一 般 风 险 费 (元)			924.97	1230.79
	编码	名 称	单位	单价(元)	消 耗 量	
人工	000300010	建筑综合工	工日	115.00	316.800	422.400
材料	002000010	其他材料费	元	—	308.44	336.48
机械	990304020	汽车式起重机 20t	台班	968.56	10.200	13.600
	990304036	汽车式起重机 40t	台班	1456.19	10.200	13.600
	002000184	试车台班费	元	—	500.00	500.00

E.6.2 大型机械设备进出场

工作内容:机械整体或分体自停放地点运至施工现场或由一施工地点运至另一施工地点所发生的
运输、装卸、辅助材料等费用。　　　　　　　　　　　　　　　　　　　　计量单位:台次

定 额 编 号					ME0085	ME0086
项 目 名 称					自升式塔式起重机	
					2500kN·m 以内	3000kN·m 以内
综 合 单 价 (元)					**32759.83**	**37651.34**
费用	其中	人 工 费 (元)			6054.75	7876.35
		材 料 费 (元)			56.11	56.11
		施 工 机 具 使 用 费 (元)			18588.46	20398.81
		企 业 管 理 费 (元)			5043.05	5831.09
		利 润 (元)			2703.58	3126.05
		一 般 风 险 费 (元)			313.88	362.93
	编码	名 称	单位	单价(元)	消 耗 量	
人工	000300010	建筑综合工	工日	115.00	52.650	68.490
材料	002000010	其他材料费	元	—	56.11	56.11
机械	990304004	汽车式起重机 8t	台班	705.33	4.000	4.500
	990304020	汽车式起重机 20t	台班	968.56	5.000	5.500
	990401030	载重汽车 8t	台班	474.25	6.000	6.500
	990401045	载重汽车 15t	台班	748.42	4.000	4.500
	990403030	平板拖车组 40t	台班	1367.47	1.000	1.000
	002000060	回程费	元	—	3717.69	4079.76